一生三舍

孙郡锴◎编著

中国華僑出版社

·北京·

图书在版编目 (CIP) 数据

一生三舍 / 孙郡锴编著 . —北京：中国华侨出版社，
2009.9（2024.7 重印）
ISBN 978-7-5113-0091-1

Ⅰ . ①—… Ⅱ . ①孙… Ⅲ . ①人生哲学 – 通俗读物 Ⅳ . ① B821-49

中国版本图书馆 CIP 数据核字（2009）第 165654 号

一生三舍

编　　著：孙郡锴	
责任编辑：刘晓燕	
封面设计：周　飞	
经　　销：新华书店	

开　　本：710 mm×1000 mm　1/16 开　　　印张：12　　字数：136 千字
印　　刷：三河市富华印刷包装有限公司
版　　次：2009 年 9 月第 1 版
印　　次：2024 年 7 月第 2 次印刷
书　　号：ISBN 978-7-5113-0091-1
定　　价：49.80 元

中国华侨出版社　北京市朝阳区西坝河东里 77 号楼底商 5 号　邮编：100028
发 行 部：（010）64443051　　　传　真：（010）64439708
网　　址：www.oveaschin.com　　E－m a i l：oveaschin@sina.com

如果发现印装质量问题，影响阅读，请与印刷厂联系调换。

　　舍得舍得，没有"舍"哪来的"得"？这是普通人都能认识得到的道理。有句俗语说得好：舍不得孩子套不到狼。的确，你不能总是指望天上掉馅饼，没有付出的回报是不长久、不现实的。

　　但是，如果一个人对"舍"的认识只是停留在"为得而舍"上，那只能算一个实用至上主义者，发展到最后就成了因我有所舍、我必有所得，甚至只要我有所舍，没有我不可得，以至于走上歪路、邪路。

　　由此看来，"舍"的学问比我们表面看得到的要深刻得多，它是一种立世存身的价值观念，是一种实现人生目标的智慧，是一种无所不明又无所不包的胸怀气度，是一种身心和谐、主宰自己的人生的精神境界。

　　本书从以下三个方面对这个问题进行了探讨：

　　一是"舍"的气度。在舍与得之间，不少人更喜欢得：得到尊敬，得到利益，得到荣誉，得到地位，等等。是啊，这都是人之常情，谁不希望事业更成功、生活更富足呢？问题是，有的人目光仅仅停留在要得到什么以及如何得到上，而忽略了与"得"唇齿相依的"舍"。他们应该明白的是，只有肯舍敢舍，有一种"大舍"的气度，才能得到更多。

二是"舍"的智慧。"舍"不仅仅是与"得"交换的筹码，它更是调整身心、释放心灵、提升人生层次的重要途径，是把自己的生活变得更加丰富多彩，让自己的立世之道更加伸缩自如的大智慧。拥有了这种智慧，压力面前你就能挺得住，进退得失之间你就能淡定自如。

三是"舍"的境界。得与失的道理许多人都懂，但为什么大多数人在平时的工作或生活中，一旦遇到实际问题便又迷失了方向、"本性"尽显呢？说到底，关键在于你有一颗什么样的心。一个对所得到的一切、对周围的人和事心存感恩的人，一个虚怀若谷、大肚能容的人，一个凡事看得开、放得下的人，他会把"舍"当做一种必然，一种生活方式。这才是舍的最高境界，也是做人与成事的最高境界。

懂得了人生的意义，才知道舍的价值；懂得了为什么舍，才知道没有什么不可以舍。在这里"一生三舍"不是要给出答案，而只是提出问题：舍什么？舍多少？为何而舍？如何能舍？如果这些问题能促你思考、供你内省，本书的目的就达到了。

目 录
Contents

～ 中篇 ～

舍之智慧

放弃负累才能活得轻松

"舍"不仅仅是与"得"交换的筹码，它更是调整身心、释放心灵、提升人生层次的重要途径，是把自己的生活变得更加丰富多彩，让自己的立世之道更加伸缩自如的大智慧。拥有了这种智慧，压力面前你就能挺得住，进退得失之间你就能淡定自如。

∽ 下篇 ∽

▬ 舍之境界 ▬

空杯心态让你海纳百川

得与失的道理许多人都懂，但为什么大多数人在平时的工作生活中，一旦遇到实际问题便又迷失了方向，"本性"尽显呢？说到底，关键在于你有一颗什么样的心。一个对所得到的一切、对周围的人和事心存感恩的人，一个虚怀若谷、大肚能容的人，一个凡事看得开、放得下的人，他会把"舍"当做一种必然，一种生活方式。这才是舍的最高境界，也是做人与成事的最高境界。

上篇 舍之气度

有大付出才会有大回报

在舍与得之间，不少人更喜欢得：得到尊敬，得到利益，得到荣誉，得到地位，等等。是啊，这都是人之常情，谁不希望事业更成功、生活更富足呢？问题是，有的人目光仅仅停留在要得到什么以及如何得到上，而忽略了与"得"唇齿相依的"舍"。他们应该明白的是，只有肯舍敢舍，有一种"大舍"的气度，才能得到更多。

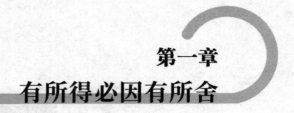

第一章
有所得必因有所舍

舍与得互为转换

金代禅师非常喜爱兰花，在寺旁的庭院里栽培了数百盆各色品种的兰花，讲经说法之余，总是全心地去照料，大家都说，兰花好像是金代禅师的生命。

一天，金代禅师因事外出。有一个弟子接受师傅的指示，为兰花浇水，但一不小心，将兰花架绊倒，整架的盆兰都给打翻了。

弟子心想：师傅回来，看到心爱的盆兰这番景象，不知要愤怒到什么程度。于是就和其他的师兄弟商量，等禅师回来后，勇于认错，且甘愿接受任何处罚。

金代禅师回来后，知道了这件事，一点也不生气，反而心平气和地安慰弟子道："我之所以喜爱兰花，为的是要用香花供佛，并且也为了美化禅院环境，并不是想生气才种的啊！凡是世界上的一切都是无常的，不要执着于心爱的事物而难割舍，因为那不是禅者的行径！"

金代禅师的"不是为了生气而才种花"的禅功，深深地感染了弟子们。世间的事物变化无常，我们不必执着于心爱的事物而难以割舍。毕竟，我们喜爱一种事物的初衷，并不是因为失去它时要伤心。人生中的很多东西既然已失去，不妨就让它失去吧。

法国的军队从莫斯科撤走后，一个农夫和一个商人在街上寻找财物，他们发现了一大堆未被烧焦的羊毛，两个人就各分了一半捆在自己的背上。归途中，他们又发现了一些布匹，农夫将身上沉重的羊毛扔掉，选些自己扛得动的较好的布匹，而贪婪的商人却将农夫所丢下的羊毛和剩余的布匹统统捡起来。重负让商人气喘吁吁，缓慢前行。

走了不远，他们又发现了一些银器，农夫将布匹扔掉，捡了些较好的银器背上，商人却因沉重的羊毛和布匹压得他无法弯腰而作罢。

突降大雨，饥寒交迫的商人身上的羊毛和布匹被雨水淋湿了，他跟跄着摔倒在泥泞当中，而农夫却一身轻松地回家了，变卖了银器，过起了富足的生活。

人生在世，有得有失，有盈有亏。有人说得好，你得到了名人的声誉或高贵的权力，同时就失去了做普通人的自由；你得到了巨额财产，同时就失去了淡泊清贫的欢愉；你得到了事业成功的满足，同时就失去了眼前奋斗的目标。我们每个人如果认真地思考一下自己的得与失，就会发现，在得到的过程中也确实不同程度地经历了失去。整个人生就是一个不断地得失反复的过程。

一个不懂得什么时候该失去什么的人，就是愚蠢可悲的人。谁违背这个过程，谁就会像贪婪的那种人，累倒在地，爬不起来。谁能坦然地面对失去，谁就有可能换来幸福、美满的人生。居里夫人的一次"幸运的失去”就是最好的说明。

1883 年，天真烂漫的玛丽亚（居里夫人）中学毕业后，因家境贫寒无钱去巴黎上大学，只好到一个乡绅家里去当家庭教师。她与乡绅的大儿子卡西密尔相爱，在他俩计划结婚时，却遭到卡西密尔父母的强烈反对。这两位老人深知玛丽亚生性聪明，品行端正。但是，贫穷的女教师怎么能与自己家庭的钱财和身份相配称呢？父亲大发雷霆，母亲几乎晕了过去，卡西密尔屈从了父母的意志。

失恋的痛苦折磨着玛丽亚，她曾有过“向尘世告别”的念头。玛丽亚毕竟不是平凡的女人，她除了个人的爱恋，还爱科学和自己的亲人。于是，她放下情缘，刻苦自学，并帮助当地贫苦农民的孩子学习。几年后，她又与卡西密尔进行了最后一次谈话，卡西密尔还是那样优柔寡断，她终于砍断了这根爱恋的绳索，去巴黎求学。这一次“幸运的失恋”，就是一次失去。如果没有这次失去，她的个人历史将会是另一种写法，世界上就会少了一位伟大的科学家。

学会习惯于失去，往往能从失去中获得。得其精髓者，人生则少有挫折，多有收获；人会从幼稚走向成熟，从贪婪走向博大。

能拿 8 分不如只要 6 分

美国成功学家安东尼·罗宾在谈到“华人首富”李嘉诚时说道：

"他有很多哲理性的语言，我都非常喜欢。有一次，有人问李泽楷，他父亲教了他一些怎样成功赚钱的秘诀。李泽楷说父亲没有教他赚钱的方法，只教了他做人处世的道理。李嘉诚这样跟李泽楷说，假如他和别人合作，如果他拿7分合理，8分也可以，那他拿6分就可以了。"

也就是说：他让别人多赚2分。所以每个人都知道，和李嘉诚合作会赚到便宜，因此更多的人愿意和他合作。你想想看，虽然他只拿6分，但现在多了100个人，他现在多拿多少分？假如拿8分的话，100个人会变成50个人，结果是亏是赚可想而知。

在中国台湾有一个建筑公司的老板，他从1万台币起步，做到100亿台币的资产。他是怎么创业成功的？他在别家做总经理的时候，对老板说，假如想要成功的话，应该考虑多让一分利而不是多争一分利。他给老板看一则报道，这则报道就是报道李嘉诚的，然后在上面写着："7分合理，8分也可以，那我只拿6分。"他就是用这套李嘉诚哲学，成为一个拥资100亿台币的董事长。

前面提到的安东尼·罗宾，对李嘉诚的让利理论十分赞赏，并立即应用于实践中，他和任何人合作，一定是用这样的思考模式，因此他的合作伙伴越来越多。比如，他在台湾刚开始演讲的时候讲道："有一个经纪人，他有买房子还贷款的压力，而我没有什么压力，但给他的抽成不够，没有办法付贷款。为了帮助他付清贷款，我给他额外的提成。我的另一个合伙人，他也有很多合伙人，但他什么都不懂，我还得教，结果我和他对开分。为了帮助他消除他的生活压力，我愿意多牺牲二十个点。"

台湾企业家、世界"塑胶大王"王永庆也是一个让利专家，他认为，助人等于助自己。台塑集团公司的管理水平很高，让它的下游客户羡慕不已，建议台塑将自己的管理精华传授给客户，使客户能迅速提高经营管理水平。这项建议反馈到台塑后，王永庆欣然应允，决定开办"企管研讨会"。参加研讨会的学员来自众多行业，都是台塑集团公司的客户，连一些著名企业的老板也报名参加。

台塑企业本着为客户提供管理资讯服务的精神，对学员一律免费。台塑企业除提供教材外，同时免费供应午餐与晚餐。上午、下午各安排一次"咖啡时间"，供应各式餐点：根据台塑总管理处的成本核算，每位学员的花费约为 800 台币，总支出达 160 万台币。在一般人看来，花钱请别人来学自己的"绝活"，无疑是在干傻事。但王永庆的理念却是与人有利，自己有利。这正是他的思路与理念出类拔萃之处。

王永庆深知，台塑与下游企业乃是唇亡齿寒的关系，一荣俱荣，一损俱损。因此，他从不利用"龙头老大"的地位为自己争利。相反地，他宁可自己少赚点，也要保障下游企业的利益。有一年，由于世界石油危机和关贸壁垒的盛行，使得国际经济环境恶化，全球塑胶原料价格普遍上扬。按市场常规，台塑此时提价是名正言顺的。但王永庆考虑到下游企业的承受能力，决定降低公司的目标利润，维持原供应价，自行消化涨价成本。有人问他为什么如此大度，他说："如果赚一块钱就有利润，为什么要赚两块钱呢？何不把这一块钱留给客户，让他去扩充设备，如此一来客户的原料需求量将会更大，订单不就更多了吗？"

让一分利反而十分有利，这一道理看似简单，但许多人一旦利益当前，却无法克服争利之心，从而丧失了长远利益。这正是大人物与小人物的本质差别所在，也是人生成败的秘诀所在。

给予有多大，回报就有多大

当第二次世界大战的硝烟刚刚散尽时，以美、英、法为首的战胜国几经磋商后，决定在美国纽约成立一个协调处理世界事务的联合国。一切准备就绪之后，大家蓦然发现，这个全球至高无上、最有权威的世界性组织竟然找不到自己的立足之地。

买一块地皮吧，刚刚成立的联合国机构还身无分文。让世界各国筹资吧，牌子刚刚挂起，就要向世界各国搞经济摊派，负面影响太大，况且刚刚经历了战争的浩劫，各国都是财库空虚，甚至许多国家财政赤字居高不下，在寸金寸土的纽约筹资买下一块地皮，并不是一件容易的事情。

听到这一消息后，美国著名的家族财团洛克菲勒家族经过紧急商议，便马上果断出资 870 万美元，在纽约买下了一块地皮，将这块地皮无条件地赠送给了这个刚刚挂牌的国际性组织——联合国。

同时，洛克菲勒家族亦将毗邻这块地皮的大面积地皮全部买下。

对洛克菲勒家族的这一出人意料之举，美国许多的大财团都吃惊不已——870 万美元，对于战后经济萎靡的美国和全世界都是一笔不小的数目呀，而洛克菲勒家族却将它拱手相赠，并且什么条件也没有。

这条消息传出后，美国的许多财团主和地产商都纷纷嘲笑说："这简直是蠢人之举。"并纷纷断言："这样经营不要十年，著名的洛克菲勒家族财团便会沦落为著名的洛克菲勒家族贫民集团。"

但出人意料的是，联合国大楼刚刚完工，毗邻它四周的地价便立刻飙升起来，相当于捐赠款数十倍、近百倍的巨额财富源源不断地涌进了洛克菲勒家族。这种结局令那些曾经讥讽和嘲笑过洛克菲勒家族的商人们目瞪口呆。

其实在许多时候，赠予也是一种经营之道：有舍有得，只有舍去，才能得到。就像对待生活，过去的，我们总是无限回忆、无限追思，却不知前面的风景更加美好。向前看，才会有所发展，有所进步。

两千多年前的老子清醒地认识到人类贪欲自私的弱点，告诫世人千万要注意，不要因争名逐利而丧生，要克制自己的欲望，"见素抱朴，少私寡欲"，顺应自然，知足知止。要知道"甚爱必大费，多藏必厚亡"的道理，物极必反，过分的爱惜会导致极大的耗费，过多的敛取必定导致重大的损失，盛极而衰是已被历史证明了的。所以，在名与利、得与失上，要时刻保持清醒的头脑和明智的选择，只有这样，才可以"知足不辱，知止不殆"，你的生命、名声、利益才可以长久。

担多大的责，受多大的益

主动要求承担更多的责任或自动承担责任是成功者必备的素质。大多数情况下，即使你没有被正式告知要对某种事负责，你也应该努力做好它。如果你能表现出胜任某种工作，那么责任和报酬就会接踵而至。

曾经荣获普利策奖的詹姆斯·赖斯顿是在第二次世界大战期间应聘

到《纽约时报》报社的，初为此报效力的他在伦敦工作了一段时间。他亲历了德国纳粹分子对伦敦进行的狂轰滥炸。孤身一人在战火纷飞的伦敦工作的詹姆斯·赖斯顿非常想念妻子和三岁的儿子。在给儿子的信中，詹姆斯这样写道：

"我周围这些生活紧张之中的人们，大都有了一种更加强烈的责任感。他们更具爱心，做事更多地为他人考虑，与此同时他们也日益坚强起来。他们在为超越他们自身的理想而作战。我觉得那也是你应该为之而努力的理想。我想向你强调的就是，一个人必须承担他应该承担的责任。这场战争爆发于一个不负责任的年代。我们美国人在 20 世纪第一次世界大战要结束的时候，并没有承担自己的责任。当这个世界需要我们把理想的种子广为撒播的时候，我们却退却了……因此，我请求你接受你自己的责任——把美国创建者的梦想变为现实，为了生你养你的这个国家的前途而努力奋斗……简朴人生，勿忘责任。"

詹姆斯告诫儿子，作为国家的一员，他要背负为国家的前途而努力奋斗的责任。

责任能激发人的潜能，也能唤醒人的良知。有了责任，也就有了尊严和使命。

有这样一个故事：

在火车上，一位孕妇临盆，列车员通知了全车旅客，紧急寻找妇产科医生。这时，一位妇女站了出来，说她是妇产科的。列车长赶紧将她带进用床单隔开的临时病房。毛巾、热水、剪刀、钳子什么都到位了，只等最关键时刻的到来。产妇由于难产而非常痛苦地尖叫着。那位自称妇产科的女子非常着急，将列车长拉到产房外，告诉列车长她其实只是妇产科的护士，并且，由于一次医疗事故已被医院开除。今天这个产妇情况不好，人命关天，她自知没有能力处理，建议立即送往医院抢救。

列车行驶在京广线上，距离最近的一站也还要行驶一个多小时。列车长郑重地对她说："你虽然只是护士，但在这趟列车上，你就是医生，你就是专家，我们相信你。"

列车长的话感染了护士，她准备了一下，走进产房时又问道："如果万不得已，是保小孩还是保大人？"

"我们相信你。"

护士明白了。她坚定地走进产房。列车长轻声地安慰产妇，说现在正由一名专家给她助产，请产妇安静下来好好配合。

出乎意料，那名护士几乎单独完成了她有生以来最为成功的手术，婴儿的啼叫声宣告了母子平安。因为责任，因为信任，她终于战胜了自我，完成了使命，也找回了自己的信心与尊严。

在这个社会中，我们每个人都需要承担那么一点属于自己的责任。正因为有了责任，我们才能在人生漫长的旅途中挫而不败，坚强而又倔强地迈过每一道艰难的门槛，也正因为我们坚信责任，才在每一次精彩的收获之后坦然而谦恭，不断地追求着一个个新的目标。

在营救驻伊朗美国大使馆人质的作战计划失败后，当时的美国总统吉米·卡特即在电视里郑重声明："一切责任在我。"仅仅因为上面那一句话，卡特总统的支持率骤然上升了 10% 以上。

美国前总统杜鲁门也有一句著名的座右铭："责任到此，请勿推辞！"

世界上很少有报酬丰厚却不需要承担任何责任的便宜事。想要一时的不负责任当然有可能，但要免除世间的所有责任可得付出巨大的代价。当责任从前门进来，你却自后门溜走，你失去的可是伴随着责任而来的机会！对大部分的职位而言，报酬和所承担的责任有直接的关系。

为得到长远利益，就要付出眼前利益

在商场竞争中，有些人急功近利，为了眼前利益，可以不择手段。但急功只能近小利。经商做生意必须立足现在，放眼未来，放长线钓大鱼。有时候欲先取之，必先失之，放鸭得凤，欲擒故纵，舍得孩子才能套大狼。这是商战中必胜之道。

商业中"盈泽养鱼"的办法很多，例如，守法讲信誉、让利优惠、广告造舆论等等。下面是一种独特的"养鱼"法。

美国有一家公司专门经销煤油及煤油炉。创立伊始，"池塘无鱼"，一个顾客也没有。于是公司大量刊登广告，极力宣扬煤油炉的好处。然而，收效依旧甚微，产品依旧无人问津，货物大量堆积，公司还未跨出摇篮便有了窒息的迹象。

有一天，老板突然宣布他要"培养顾客"，挥手招来手下职员，叫他们挨家挨户去给居民无偿赠送煤油炉。职员们大惑不解，以为老板因愁而发疯了。但令在必行，他们只得分头行动。

住户们无偿获赠煤油炉，自然大喜过望。街头巷尾，一时到处都是该公司的免费"宣传员"。公司有了名气，打电话到公司索要煤油炉的人也不断涌来。不多时日，所有的积压煤油炉便被索赠一空。

当时的炉具还未进入现代化，什么煤气、电饭锅、微波炉等都还没进入发明家的大脑。煤油炉在当时的木柴灶和煤炭灶中鹤立鸡群，其优越性更使那些家庭主妇们乐得以为一步登天了，她们简直一天也离不开它了——老板的池塘里已经"鱼儿"成群，胖头肥脑了。

家庭主妇们很快便发现白赠的煤油炉中的煤油烧完了，于是赶快"送鱼上门"，跑到公司去买。煤油的价格不低，但因为烧煮方便，倒也乐意掏钱。再过一阵子，煤油炉也用旧了，于是她们又心甘情愿地成为公司的"鲜鱼"，购买新的煤油炉。

从此，这家公司的煤油和煤油炉都旺销不衰。

让别人获利，自己也会得利，让别人赚了钱，自己也就赚了钱。这正是吃亏学所说的"成人之美，方能惠己"。

在选择中有所舍弃

在人生漫漫长路上，会面临着很多选择，有选择就有放弃。选择什么，放弃什么，这是一门学问。人生最重要的是机遇，而正确的放弃，则是真正把握住了机遇。

因为很多时候，放弃就是获得。人们常将"舍"与"得"合说成"舍得"，就是因为有"舍"才有"得"嘛！

一个人在沙漠里迷失了方向，酷暑难熬，饥渴难忍，正当快撑不住时，他发现了一幢废弃的小屋，屋子里居然还有一台抽水机。

他兴奋地上前汲水，却怎么也抽不出半滴水来。这时，他看见抽水机旁有一个装满了水的瓶子，瓶子上贴了一张纸条，上面写着：你必须用水灌入抽水机才能引水！不要忘了，在你离开前，请再将水装满！

怎么办？能抽出水来当然好，要是水浪费掉了而抽不出水呢？自己不是有可能死在这里吗？如果将瓶中的水喝了，还能暂时远离饥渴啊。这个人犹豫不决。

想来想去，他还是将水倒进抽水机，不一会儿，就抽出了清冽的泉水，他不仅喝了个够，还带足了水，最终走出了沙漠。

临走前，他把瓶子装满水，然后在纸条上加了几句话：纸条上的话是真的，你只有先舍弃瓶中的水，才能得到更多的水！

有一得必有一失，只有放弃一些东西，才有更多的收获。人生好比一个房间，想要搬进新的家具、电器什么的，就得先扔掉一些东西。放弃不是失去，正确的放弃往往是一个全新的转折点，是一个脱胎换骨的再生过程。

老鹰是世界上寿命最长的鸟类，它可以活70多岁。但是，当老鹰活到40岁时，它的爪子开始老化，无法有效地抓住猎物；它的喙变得又长又弯，几乎张不开嘴；它的翅膀变得十分沉重，飞翔十分吃力。

这时候，老鹰会经历一个十分痛苦的过程。它在悬崖上筑巢，停留在那里，不得飞翔。它用喙击打岩石，直到完全脱落，之后静静地等候新的喙长出来。然后它会用新长出的喙把指甲一根一根地拔出来，当新的指甲长出来后，它便把羽毛一根一根地拔掉。五个月以后，老鹰得以再生，重新鹰击长空，潇潇洒洒度过后来 30 年的岁月！

在我们的生命中也是一样，有时候我们必须做出放弃甚至牺牲，才能开始一个崭新的历程。

正确的放弃不是逃避，不是懦弱，而是理智的选择。在生活中，我们常常遇到"鱼和熊掌"不可兼得的情况，为了得到熊掌，只有放弃鱼。为了得到更大更长久的利益，只有先放弃一些好处，甚至是忍痛割爱。

一个青年从小便树立了当作家的理想。为此，他坚持每天写作 500 字，十年如一日地努力着。可是，经过多年努力，他从没有只字片言变成铅字。

29 岁那年，他总算收到了第一封退稿信，那是一位他多年来一直坚持投稿的刊物的总编寄来的。信中写道："虽然你很努力，但我不得不遗憾地告诉你，你的知识面过于狭窄，生活经历也显得相对苍白……但我从你多年的来稿中发现，你的钢笔字越来越出色……"

他的名字叫张文举，现在是有名的硬笔书法家。对于如何成功，他的理解是："一个人能否成功，理想很重要，勇气很重要，毅力很重要。但更重要的是，人生路上要懂得舍弃，更要懂得转弯！"

放弃与获得是紧紧联系在一起的，有舍有得，不舍不得；小舍小得，大舍大得。为了能够获得更多、更长久，我们必须先学会正确、适时的放弃。

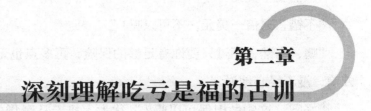

第二章
深刻理解吃亏是福的古训

吃亏是一种高明的做人策略

与其说"吃亏"是做人的一种谋略，不如说"吃亏"是做人的一种气度。鲁迅笔下的阿 Q 自诞生那天起一直是被人们鄙视和诋毁的对象，但是他的那套生存哲学却挺值得现代人学习。他，始终能把悲哀的情绪化解开，使之变成快乐的理由；把失败的过程反过来看做是成功的结果，进而获得胜利的喜悦。这样的人生能不快乐吗？

一个犹太人走进纽约的一家银行，来到贷款部，大模大样地坐了下来。

"请问先生，我可以为你做点什么？"贷款部经理一边问，一边打量着这个西装革履满身名牌的来者。

"我想借些钱。"

"好啊，你要借多少？"

"一美元。"

"只需要一美元？"

"不错，只借一美元，不可以吗！"

"噢，当然，不过只要你有足够的保险，再多点也无妨。"经理耸了耸肩，漫不经心地说。

"好吧，这些做担保可以吗？"犹太人接着从豪华的皮包里取出一堆股票、国债等等，放在经理的写字台上。

"总共 50 万美元，够了吧？"

"当然，当然！不过，你真的只要借一美元吗？"经理疑惑地看着眼前的怪人。

"是的。"说着，犹太人接过了一美元。

"年息为百分之六，只要您付出百分之六的利息，一年后归还，我们就可以把这些股票退还给您。"

"谢谢。"

犹太人说完准备离开银行。

一直站在旁边冷眼观看的分行长，怎么也弄不明白，拥有 50 万美元的人，怎么会来银行借一美元？于是他慌慌张张地追上前去，对犹太人说：

"啊，这位先生……"

"有什么事吗？"

"我实在弄不清楚，你拥有 50 万美元，为什么只借一美元呢？你不以为这样做你很吃亏吗？要是你想借三四十万元的话，我们也会很乐意……"

"请不必为我操心。在我来贵行之前，问过了几家金库，他们保险箱的租金都很昂贵。所以嘛，我就准备在贵行寄存这些东西，一年只需要花六美分，租金简直是太便宜了。"

俗话说："好汉不吃眼前亏。"在我们许多人的眼睛里，把"吃亏"看做是蠢人的行为，其实很多时候，我们的判断都是错误的，一些"亏"只不过是事情的表象而已。

日本有一家奇士达公司，其经营理念是："吃亏就是占便宜，所以情愿选择吃亏一途。"对于以利益为目标的企业来说，这种经营理念，实在是令人难以置信。

竞争对企业来说，是绝对目标，可是这家公司，却像是出来行善般地经营，不免令人怀疑：公司开得下去吗？会有利润吗？

实际上，奇士达公司却快速地成长，成为年营业额两千亿日元的绩优公司。那些好听的经营理念，成了公司的发展商机。

企业最怕赔钱，吃亏的生意是不做的，而奇士达公司将这些没人愿意做的生意承接下来，反而没了竞争对手，生意自然大好。社长铃木清一先生的苦心经营，为社会提供了物品，也为自己带来财富。许多公司不愿意损失，而奇士达却因为做损失的生意，反而带来商机。

创造财富在很多人的观念里，都是要够狠、够坏，才能在竞争者之中脱颖而出，继而出人头地。其实不然，能够成功靠的往往是正面的思想，也就是正面的道德观。

举一个例子来说，同样去买东西，两家商品都一样，一家的老板善良而温文；另一家的老板冷漠而固执，请问：你选择去哪一家买呢？

用劣质的商品来赚取暴利，就算短期内能生存，如若一旦被人们发现了，它还能生存下去吗？永续经营可能吗？企业的存在必须是长久的，在刚一开始就以优良产品来取得消费者的信赖，不是可以赚更多钱吗？

人也是如此，我们不是只活一天而已，明天我们仍得挣扎做人，而明天会遇到什么事，又有谁知道？如果用轻视、劣质的态度做人，那做得长久吗？不如好好待人，亲切、温和地与人相处来得长久。

吃亏事小，信誉事大

奥斯曼是一个聪明人，他善于从长远考虑问题，为了信誉宁可暂时赔钱。他目光远大的作风给世人留下了深刻的印象。

1940 年，奥斯曼以优异的成绩毕业于开罗大学并获得了工学院学士学位，重新回到了伊斯梅利亚城。贫穷的大学毕业生想自谋出路，当一名建筑承包商。这在商人看来简直是白日做梦。奥斯曼也陷入窘境："我身无分文，但我立志于从事建筑业。为了这个目的，我可以委曲求全，从零开始。"

奥斯曼的舅父是一名建筑承包商，他曾经开导奥斯曼：要有自己的思想，不要人云亦云。奥斯曼为了筹集资金，学习承包业务，巩固大学所学的知识，便到了舅父的承包行当帮手。在工作中奥斯曼注意积累工作经验，了解施工所需要的一切程序，了解提高工效、节省材料的方法。一年多的实践让奥斯曼收获不小，但也有不少感慨："舅父是一个缺乏资金的建筑承包商。设备陈旧，技术落后，无力与欧洲承包公司竞争。我必须拥有自己的公司，成为一名有知识、有技术、能同欧洲人竞争的承包商。"

1942年，奥斯曼离开舅父，开始了自己当建筑承包商的梦想。他手里仅有180埃镑，却筹办了自己的建筑承包行。

奥斯曼相信事在人为，人能改变环境，人不能成为环境的奴隶。根据在舅父承包行所获得的工作经验，他确立了自己的经营原则："谋事以诚，平等相待，信誉为重。"创业初期，奥斯曼不管业务大小、赢利多少，都积极争取。他第一次承包的是一个极小的项目——为一个杂货店老板设计一个铺面，合同金只有三埃镑。但他没有拒绝这笔微不足道的买卖，仍是颇费苦心，毫不马虎。他设计的铺面满足了杂货店老板的心意，杂货店老板逢人便称赞奥斯曼，于是奥斯曼的信誉日益上升。奥斯曼的经营之道赢得了顾客的信任，他的承包业务日渐发展。

1952年，英国殖民者为了镇压埃及人民的抗英斗争，出动飞机轰炸苏伊士运河沿岸村庄，村民流离失所。奥斯曼承包公司开始了为村民重建家园的工作，用了两个月时间，为160多户村民重建了房屋，他的公司获利5.4万美金。

20世纪50年代后，海湾地区大量发现和开发石油，各国统治者相继加快本国建设步伐。他们需要扩建皇宫，建造兵营，修筑公路。这给了奥斯曼一个发财的机会，他以创业者的远见，率领自己的公司开进了海湾地区。他面见沙特阿拉伯国王，陈述自己的意图，并向国王保证：他将以低投标、高质量、讲信誉来承包工程。沙特阿拉伯国王答应了奥斯曼的请求。后来工程完工时，奥斯曼请来沙特阿拉伯国王主持竣工仪式，沙特阿拉伯国王对此极为满意。

"人先信而后求能。"奥斯曼讲求信誉、保证质量的为人处世方法和经营原则，使他的影响不断扩大。随后几年，奥斯曼在科威特、约旦、苏丹、利比亚等国建立了自己的分公司，成为享誉中东地区的大建筑承包商。

奥斯曼讲求信誉的做法，在一定情况下会使自己吃亏。但在这种情况下，吃亏毕竟是暂时的。

1960年，奥斯曼承包了世界上著名的阿斯旺高坝工程。地质构造复杂、气温高、机械老化等不利因素给建筑者带来了重重困难。从所获利润来说，承包阿斯旺高坝工程还不如在国外承包一件大建筑。奥斯曼克服一切困难，完成了阿斯旺高坝工程第一期的合同工程。但随后却发生了一件让奥斯曼意料不到的事情，让他吃了大亏。

纳赛尔总统于1961年宣布国有化法令，私人大企业被收归国有，奥斯曼公司在劫难逃。国有化后，奥斯曼公司每年只能收取利润的4%，奥斯曼本人的年薪仅为3.5万美元。这对奥斯曼和他的公司都是一次沉重的打击。奥斯曼没有忘记自己的诺言，他委曲求全，丝毫不记恨，继续修建阿斯旺高坝。

纳赛尔总统看到了奥斯曼对阿斯旺高坝工程所作出的卓越贡献，于1964年授予奥斯曼一级共和国勋章。奥斯曼保全了自己的形象与自己的处事原则，他并没有白吃亏。1970年萨达特执政后，发还了被国有化的私人资本。奥斯曼公司影响扩大，参加了埃及许多大工程的单独承包。奥斯曼本人到1981年拥有40亿美元，成为驰名中东的亿万富翁。

聪明人知道，在经营中讲求信誉的做法，在一定情况下会使自己吃些亏。但商界有这样一种说法："有亏必有赢。"某次因为讲求信誉而吃亏或经济利益受损，却会给自己的事业带来积极的影响甚至长远的影响。

肯吃小亏才不致总吃大亏

在生活中，表面上吃亏，实为以后的不吃亏打基础。实际上，这是一种隐身法的另一种表现。不计较眼前的得失是为着眼于更大目标。

1947年3月，胡宗南奉蒋介石之命，调集23万国民党军队从南、西、北三面向陕北进攻。作为决策者的毛泽东，缜密地分析了敌人的企图，并将敌我双方的兵力进行了全面的比较，同时把保卫延安的战斗与其他解放区的斗争以及与解放全中国的关系作了系统的全面的综合分析。在此基础上，毛泽东毅然作出判断，暂时撤离延安，诱敌深入，让敌人占一点地方，背上包袱，而我们则轻装上阵，在运动中寻找机会歼灭敌人。当时有很多人不理解，毛泽东在说服他们时指出，我们不要计较一城一地的得失……今天放弃延安，是意味着将来解放延安、南京、北平、上海，进而解放全中国，拿延安换取全中国，是合算的。在撤离延安前夕，他接见了中国人民的朋友、美国记者安娜·路易斯·斯特朗，告诉她说，再过一年，最多两年，我们回延安再请您来，那时您愿住多久就住多久。后来他的预言果然变成了现实，中国共产党党中央撤离延安后仅一年零一个月，延安就重新回到了人民的怀抱。毛泽东的战略眼光和英明决策，最终得到了历史的印证。

经商中的"先赔后赚"之计，也就是欲取先予。美国人出外旅游，有一去处可以不花一文钱，甚至还有节余，这个地方便是大西洋赌城。从纽约出发，到那里来回车费才 20 美元，到达后马上可以得到赌城当局馈赠的 15 美元现金，还有一顿丰盛的自助餐。第二次来时，凭车票又可以得到 8 美元的回赠。

这是赌场老板牟利的一个妙计，吸引顾客前来，来得愈多愈好，因为到赌场来而不赌者寥寥无几，不管赌客运气如何，总体上是赚少赔多。因此，所谓来去不花钱，实际上花费的是赌场老板从顾客身上赚来的零头。落最大好处的当然是赌场老板，但顾客的心理上还总能承受。这就是赌场老板的诀窍。所谓"降价销售"、"有奖销售"、"品尝销售"、"买一赠二"，等等，实际上都是"羊毛出在羊身上"。然而，商战中因此取胜的却是很多。看似吃亏，实则赚大便宜。

古人常说："过犹不及。"是说凡事要讲一个适度，对于功名利禄，凡人几乎没有不梦寐以求的，但如果过分热衷，弄不好也会陷入其中而不能自拔，最终毁灭自己。身外之物应当被人奴役，而不应奴役人，这话一说出来，大家都能明白，可是世上的事往往是"不识庐山真面目，只缘身在此山中"，局中人就不容易明白，不容易跳出三界外了。因此，真正聪明之人，对待功名利禄也是，"得放手处且放手"，讲究个"吃亏是福"，不可过分执着。

把吃亏当做你付出的本钱

著名心理学家霍曼斯指出，人际交往在本质上是一个社会交换的过程。人们的一切交往活动及一切人际关系的建立与维持，都是依据一定的价值尺度来衡量的。

对自己值得的或者是得大于失的人际关系，人们就倾向于建立和保持；而对自己不值得的或者是失大于得的人际关系，人们就倾向于疏远和逃避，甚至中止这种关系。

正是人际交往的这种社会交换本质，要求人们在与人交往时必须让对方觉得与自己的交往是值得的。而要做到这一点，则常常需要我们首先做出必要的自我牺牲。

有位名叫林达德的企业家，他既没有高学历，也没有金钱，更没有辉煌的家庭背景，但却很快在商业上获得了成功。当有人请教他成功的秘诀时，他说："我总是乐意向别人付出，因此也能得到别人的信赖和帮助。正是由此建立起来的良好人际关系，使我很快便走向了成功。"

平凡的林达德最初也是一个孤独的人，没有谁乐意与他交往，因为他太普通了。在忍耐了一段寂寞的人生之后，他从社会上逐渐悟出了这样一个道理：若要受到别人的欢迎，与人建立良好的人际关系，就必须做出必要的自我牺牲。

真正的与人交往之道，就是适当地给别人某些方面的"利益"。而这些"利益"，有时是物质方面的，有时则是精神方面的。

对于像林达德这种在物质方面几乎一无所有的人来说，所牺牲的

"利益"主要就是精神方面的。比如说，无论多么忙碌，当有人来找他时，林达德都不会向对方表现出厌恶或不耐烦的样子，更不会拒人于千里之外。除非是真的无法抽身，他才会婉转地表达出自己的歉意，并在事后设法补偿缺憾。

林达德解释自己这样做的理由时说："像我这样一无所有的人，如果要想与别人建立起良好的人际关系，就不能不让对方感到与我交往是愉快、欢畅的。"

他是一个很会体贴、关照别人的人，对周围人的体贴甚至超过了别人自己的想法。每当有人说要到他那里玩，他都表示十分欢迎，并希望来人能在自己这里住上几天。背地里他无论多么拮据、多么苦恼，但从不表现出来。他好像随时都在欢迎他人的光临，竭诚予以接待。当别人回去的时候，他甚至还想着给人带点小礼物、土特产之类的东西。

林达德总是尽自己所能来满足别人的某些欲求，而他这种不怕牺牲自我利益的做法，也使别人对他有所助益，从而满足了他心中的很多欲求。

事实上，每个人对周围的人都会怀有不同程度的期待之心，都想让与自己接触的人给自己带来某些利益。如果你能满足人们的这种心理，就一定能获得他们的好感。

长期以来，人们最忌讳把人际交往和交换联系起来，认为一谈"交换"就很庸俗，就亵渎了人与人之间的真挚情感。但事实上，人们在交往中总是在交换着某种东西，要么是物质的、利益的，要么是精神的、情感的，或者是兼而有之。

在进行交换的时候，人人都希望"交换"对自己来说是值得的，企求在交换过程中得大于失，至少应是得失相当。不值得的交换是没有理由的，不值得的人际交往更没有理由去继续维持，否则就无法保持心理平衡。

其实，无论多么亲密的关系，都应该注意从物质、感情等方面去"投资"。如果忽视了这一点，即使原来非常亲密的关系也会逐渐变得疏远、淡漠，使人陷入人际关系的困境。

然而，要想让别人觉得与自己的交往确实是"值得"的，最好的办法就是积极地付出，首先做出自我牺牲。这样做，会使人觉得你很豪爽、大度、重感情、乐于助人等，从而很快被他人接受和信赖。

在做出自我牺牲的同时，还要注意不要急于获得回报。在现实生活中，只愿付出、不求回报的人几乎是没有的，但是，急于回报的结果往往是得不到回报。因为这会给人一种"被利用"的感觉。

当然，对于大多数人来说，如果在付出之后却没有得到希望中的回报，就会感到自己"吃亏"了。但是，这种"吃亏"是值得的，除非你所碰到的是特别阴险、奸诈的人，否则就没有白吃的亏。

就普通人之间的交往来说，大家往往都遵循着付出和回报等价这一相似的原则。我们所给予对方的，将会形成一种社会存储而不会消失，一切终将以某种我们常常意想不到的方式回报给我们。

而且，这种"吃亏"还会赢得别人的尊重，这反过来可以增加我们的自尊和自信。显然，"吃亏"将带给人们一个美好的人际关系世界，而那些总是喜欢占便宜的人，其实是在损伤自己的尊严和信心、声誉。不愿牺牲自我利益而只想向别人索取的人，必将在社会交往中找不到立足之地。

吃得起眼前亏的才算好汉

常言道："好汉不吃眼前亏。"但是，很多时候，"好汉要吃眼前亏！"

假设这样一个状况：你开车和别的车相撞，对方只是"小伤"，甚至可以说根本不算伤；你不想吃亏，准备和对方理论一番，可是对方是四个彪形大汉，个个横眉立目，围住你索赔，眼看四周荒僻，不可能有人对你伸出援手。请问，你要不要吃"赔钱了事"这个亏呢？

如果你能"说"退他们，或是能"打"退他们，而且自己不受伤，你大可不必吃这个"亏"！

但是"秀才遇到兵，有理说不清"，在别人处于强势地位的时候，"理"这个字并不是那么好用的！这和大自然中的生存之道是一样的啊！

一天，狮子建议9只野狗同它合力一同猎食。它们打了一整天的猎，一共逮了10只羚羊。狮子说："我们得去找个英明的人来给我们分配这顿美餐。"

一只狗说："一对一就很公平。"狮子立即把它打昏在地。

其他野狗被吓坏了，一只野狗鼓足勇气对狮子说："不！不！我们的弟兄说错了，如果我们给您9只羚羊，那您和羚羊加起来就是10只，而我们加上一只羚羊也是10只，这样我们就都是10只了。"

狮子满意了，说道："你是怎么想出这个分配妙法的？"

野狗答道："当您冲向我的兄弟打昏它时，我就立刻增长了这点儿智慧。"

以这个故事为例，野狗能够分到一只羚羊就是眼前亏，若它们不吃，很可能就被狮子吃掉，你认为哪个划算？

"好汉不吃眼前亏"，可能要吃更大的亏！

吃点眼前亏，以小的损失保证不受更大的损失，或者换取其他更大的利益，是为了"存在"这个大目标。如果因为不吃眼前亏而蒙受更大的损失或灾难，甚至把命都弄丢了，那就得不偿失了。

韩信当年信奉"士可辱，不可杀"的信条，忍气吞声从乡里恶少的胯下爬过，保住了有用之躯。"留得青山在，不怕没柴烧"，如果不是当年吃了眼前亏，哪来日后的统领雄兵、叱咤沙场？

很多人为了"面子"和"尊严"，或者为了"正义"与"公理"，与对方强争高下，最后一败涂地，元气大伤。没有再起的东山，胜利也只是赢得凄惨。

所以，当你看到眼前摆着"亏"的时候，千万别逞血气之勇，也千万别认为"士可杀，不可辱"，宁可吃吃眼前亏，以换得长远的目标和利益。

主动把大头让出去

有个做砂石生意的老板，没有文化，也绝对没有背景，但生意却出奇的好，而且历经多年，长盛不衰。说起来他的秘诀也很简单，就是与每个合作者分利的时候，他都只拿小头，把大头让给对方。

如此一来，凡是与他合作过一次的人，都愿意与他继续合作，而且还会给他介绍一些朋友，再扩大到朋友的朋友，这些人最后都成了他的客户。人人都说他好，因为他只拿小头，但把从所有人那里拿来的小头加起来，就成了最大的大头，他才是真正的赢家！

吃亏是福，因为人都有趋利的本性，你吃点儿亏，让别人得利，就能最大限度地调动别人的积极性，从而使你的事业兴旺发达。

但现实生活中，能够主动吃亏的人实在太少，这并不仅仅因为人性的弱点，很难拒绝摆在面前本来就该你拿的那一份，也不仅仅因为大多数人缺乏高瞻远瞩的战略眼光，不能舍眼前小利而争取长远大利。能不能主动吃亏，实在还和实力有关，因为吃亏以后利润毕竟少了，而开支依然存在，就很可能出现亏空。如果你所吃的亏能够很快获得报答那还挺得住；反之，吃亏就等于放血，对体弱多病的人来说，可能致命。曾经重组国嘉实业达到借壳上市的北京和德集团，借壳之前是个传统的进出口公司，从1994年开始，短短三四年间，资产从3个亿发展到30个亿，主要就是靠鱼粉进出口生意。鼎盛时期的和德，是世界上做进出口鱼粉贸易公司中最大的企业，在国内的市场份额达到了85％的垄断地位。

它为什么能有这样的规模？价格是关键！和德的报价永远是同行业中最低的，它出售的鱼粉每吨销售价比进价要低将近100元。

这样的生意岂不是越做越赔？其实不然。一方面，和德要求所有的买家在签订购买合同的同时预先支付40％～50％的订金，合同一般都是三个月以上的远期合同。这样，就有50％的货款至少提前90天进入和德的账户，然后在国外出口商发出装船通知单之后支付另外50％的货款。在将近 30 天的行船时间内，和德就可以白白占用大量资金；另一方面，由于和德在业内的绝对垄断地位，使得它的信用很高，又可以在不具备任何抵押的情况下获得 180 天的信用证额度。两者相加，和德在一年内至少有半年的时间可以有大量的资金在账。

有了钱就好办事，仅仅是用这部分资金进行一级市场上的新股认购，20％甚至更高的投资收益率就完全可以弥补在鱼粉贸易中的损失。至于账面上的亏损而省掉的税金，还有大量的货物贸易使它在与保险公司、银行、码头等方面谈判时占据的优势，则更是外人看不到的。

和德的董事长毕福君，后来虽然因为盲目进军高科技而落败，但在饲料进出口方面却算得上是英雄，用他的话来说："经商其实很简单，就是三个字——卖！卖！卖！"

大量的销售才能保证大量的现金流量，而大量销售的秘诀就是让利。

吃亏是福，吃小亏占大便宜。但是吃亏也是需要技巧的，会吃亏的人，亏吃在明处，便宜占在暗处，让你被占了便宜还感激不尽，这也是经商的智慧。

讲究吃亏的方式与技巧

以吃亏来交友，以吃亏来得利，是一种比较高明和有远见的办事技巧。

当然，吃亏也必须讲究方式和技巧。亏不能乱吃，有的人为了息事宁人去吃亏，吃暗亏，结果只能是"哑巴吃黄连，有苦难言"。就像孙权一样，为了得到荆州，假意让自己的妹妹嫁给刘备，结果在诸葛亮的巧妙安排下，孙权不仅赔了妹妹，而且折了兵，荆州还是在刘备手中。孙权这个亏就未免吃得太不值得了。

亏要吃在明处，至少你该让对方意识到你吃的亏。吃亏你就成了施者，朋友则成了受者。看上去，是你吃了亏，他得了益，然而，朋友却欠了你一个情，在友谊情感的天平上，你已经增加了一个筹码，这是比金钱、比财富更值得你珍视的东西。吃亏，会让你在朋友眼里变得豁达、宽厚，让你获得更深的友情。这当然会使朋友更心甘情愿地帮助你。

做人是如此，商场上也是如此。

商战变幻莫测，要不断调整战略战术，这种调整的目的在于赢利。但有时为了赢利，吃些小亏是完全必要的。

美国康涅狄格州有一家叫奥兹莫比尔的汽车厂，它的生意曾长期不振，使工厂面临倒闭的局面。该厂总裁决定从推销入手，扭转危机。

采用什么样的推销方法最好呢？总裁认真反思了该厂的情况，针对存在的问题，对竞争对手以及其他商品的推销术进行了认真的比较分析，最后博采众长，大胆设计了"买一送一"的推销方法。该厂积压着一批轿车，未能及时脱手，资金不能回笼，仓租利息却不断增加。所以广告中便特别声明——谁买一辆托罗纳多牌轿车，就可以免费得到一辆"南方"牌轿车。

买一送一的推销方法，由来已久，使用面也很广。但一般做法只是免费赠送一些小额商品。如买电视机，送一个小玩具；买录像机，送一盒录像带等等。这种给顾客一点恩惠的推销方式，最初的确能起到很大的促销作用。但时间一久，使用者多了，消费者也就慢慢不感兴趣了。

给顾客送礼给回扣的做法，也是个推销老办法。但是，所送礼品的价值或回扣数目同样都较小，不可能起到引起消费者震动的效果。

奥兹莫比尔汽车厂对各种推销方法的长处兼容并蓄，尽可能克服因方法陈旧使消费者麻木迟钝的缺点，大胆推出买一辆轿车便送一辆轿车的"出格"办法，果然一鸣惊人，使很多对广告习以为常的人为之刮目，到处传告。许多人闻讯后不辞远途也要来看个究竟，该厂的经销部一下子门庭若市。过去无人问津的积压轿车很快就以 2.15 万美元一辆被顾客买走，该厂亦一一兑现广告中的承诺，免费赠送一辆崭新的"南方"牌轿车。

如此销售，等于每辆轿车少卖了 5000 美元，是不是亏了血本？

其实不然，奥兹莫比尔汽车厂不仅没有亏本，而且由此还得到了多种好处。因为这些车都是积压的库存车，仅以积压一年计算，每辆车损失的利息、仓租以及保养费等就已接近了这个数目。而现在，不仅积压的车全部卖光了，而且资金迅速回笼，可以扩大再生产了。另外，随着"托罗纳多"牌轿车使用者的增多，该品牌的市场占有率迅速提高。其名声变大的同时，另一个新的牌子"南方"牌也被带出来了——这一低档轿车以"赠品"问世，最后开始独立行销。

奥兹莫比尔汽车厂从此起死回生，生意兴隆。

总之，为了总体目标，为了整体利益，我们要敢于吃小亏，善于吃小亏，真正做到表面上吃亏，暗地里得利。

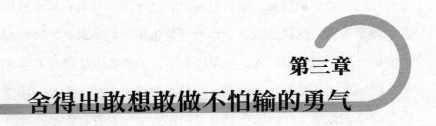

第三章
舍得出敢想敢做不怕输的勇气

狭路相逢勇于挑战

人们在冷天游泳时，大约有三种适应冷水的方法。有些人先蹲在池边，将水撩到身上，使自己能适应之后，再进入池子游；有些人则可能先站在浅水处，再试着步步向深水走，或逐渐蹲身进入水中；更有一种人，做完热身运动，便由池边一跃而下。

据说最安全的方法，是置身池外，先行试探；其次则是置身池内，渐次深入；至于第三种方法，则可能造成抽筋甚至引发心脏病。但是相反地，最感觉冷水刺激的也是第一种，因为置身较暖的池边，每撩一次水，就造成一次沁骨的寒冷，倒是一跃入池的人，由于马上要应付眼前游水的问题，反倒能忘记了周身的寒冷。

与游泳一样，当人们要进入陌生而困苦的环境时，有些人先小心地探测，以做万全的准备，但许多人就因为知道困难重重，而再三延迟行程，甚至取消原来的计划；又有些人，先一脚踏入那个环境，但仍留许多后路，看着情况不妙，就抽身而返；当然更有些人，心存破釜沉舟之想，打定主意，便全身投入，由于急着应付眼前重重的险阻，反倒能忘记许多痛苦。

在生活中，我们该怎么做呢？如果是年轻力壮的人，不妨做"一跃而下"的人。虽然可能有些危险，但是你会发现，当别人还犹豫在池边，或半身站在池里喊冷时，那敢于一跃入池的人，早已自由自在地来来往往，把这周遭的冷，忘得一干二净了。

在陌生的环境，由于这种敢于一跃而下的人较别人果断，比别人快，较别人敢于冒险，因此，能把握更多的机会，所以往往是成功者。

没有冒过险的生命绝不会有精彩的篇章。现实世界的很多斗争都是勇气的较量，常常是勇者得胜。只有具备一颗勇敢的心，我们才能发挥出超过平时双倍的力量，什么都不顾地冲向前方，甚至一鼓作气地到达终点。这就是为什么人们在危急时刻才能爆发出巨大潜力的原因。历史上最著名的战役之一亚历山大对大流士的阿贝拉会战，即是一次冒险带来的经典战役。

波斯王大流士三世在伊沙斯战败后，又另行招募了一支军队，精心选择了广阔的高格米拉平原作战场，并将地面铲平和移去了障碍物，以便大量使用骑兵。大流士三世把他的数十万步兵、四万骑兵和200辆装有镰刀的战车布成一个严格的方阵，按照军队的地区来源，排成了横3行、竖13列的无数小方阵。大流士三世本人随御林军骑兵、15头战象和50辆战车排在最前列的中央，左翼前列是西提亚人和巴克特里亚人的骑兵及100辆战车，右翼前列是亚美尼亚人和卡派多西亚人的骑兵及50辆战车。骑兵部署在第一线，二线则全是步兵。

比起大流士三世的军队来，亚历山大的人马要少得多，总共只有四万步兵和7000骑兵。

以至于在决战前，亚历山大的部下都认为他们这是最后一次看到太阳升起。但是历史上最伟大的帝王之一的亚历山大认为："最终决胜的将是领袖的勇气。"

公元前331年10月1日，阿拉贝会战开始。当马其顿军逐渐接近波斯军时，亚历山大并不直接向对方进攻，而是搅乱对方的阵型布局。大流士三世害怕在他预设战场之外作战，会使他的战车失去作用。于是急令左翼的前排部队，赶紧绕过马其顿军的右翼，迫使它停下来。

为了对付这次攻击，亚历山大调动了几支骑兵，连续对波斯骑兵发动攻击。虽然遭受重大损失，但马其顿军的纪律和勇气也就开始表现了出来，他们一个中队又一个中队，连续地向敌人冲锋，终于将波斯骑兵击退。接着，亚历山大亲率马其顿骑兵，一齐冲向敌军。此时波斯军由于左翼骑兵已经前进，所以在正面正好漏出一个空洞。亚历山大就率骑兵直向大流士三世的中央方阵冲去，这时决定这场力量悬殊的比赛的关键一幕发生了。兵力十倍于亚历山大的大流士害怕了，临阵逃脱自顾自地跑了。

这次战争的结果正如历史书上所描述的那样，以亚历山大获胜而告终。

所以，如果遇到真正的强者而没有真正的勇气，就算你有再强大的后盾，有再多的人站在你一边，有再多的人在为你祈祷期盼，那也只能输得像2000多年前的大流士一样难看。

狭路相逢勇者胜，没有勇气面对困难，去挑战困难，你只有品尝失败的痛苦，只有那些有勇气去冒险的人才能品尝到胜利的喜悦，那份在面对风险时才有的激情。

生活的战斗在大多数情况下都像攻占山头一样，如果不费吹灰之力便赢得它，就像打了一场没有光荣的仗。没有困难，就没有成功；没有奋斗，就没有成就。困难也许会盯住懦弱的人，但对有决心和勇气的人而言，它是一种受欢迎的刺激。

没有人能够一步登天，不积跬步，无以至千里，成功是不断地向生活挑战、向自己挑战的积累，在挑战中进步。如果一件事，你还没做，就开始否定了自己，这是否显得过于草率呢？你只有行动，向困难挑战，只有这样，才能发挥自己的创造力，找到自己的不足，从而为成功打下基础。

有这样一则寓言故事：龙虾与寄居蟹在深海中相遇，寄居蟹看见龙虾正把自己的硬壳脱掉，只露出娇嫩的身躯。寄居蟹非常紧张地说："龙虾，你怎可以把唯一保护自己身躯的硬壳也放弃呢？难道你不怕有大鱼一口把你吃掉吗？以你现在的情况来看，连急流也会把你冲到岩石上去，到时你不死才怪呢？"

龙虾气定神闲地回答："谢谢你的关心，但是你不了解，我们龙虾每次成长，都必须先脱掉旧壳，才能生长出更坚固的外壳，现在面对的危险，只是为了将来发展得更好而作出准备。"

寄居蟹细心思量一下，自己整天只找可以避居的地方，而没有想过如何令自己成长得更强壮，整天只活在别人的荫庇之下，难怪永远都限制自己的发展。

大多数人都像寄居蟹一样喜欢捡现成的，走容易的路，以便节省些力气。精神与肉体都懒散的人大多不喜欢改变现况，不过他们也从来没尝到过胜利的狂喜。生命是一连串的奇迹与不可能组合成的，未来会如何没有任何人有把握，勇于冒险才是生命的真谛。每个人都有一定的安全区，你想跨越自己目前的成就，请不要划地自限，勇于接受挑战充实自我，你一定会发展得比想象中的还要好。

"衰老很重要的标志，就是求稳怕变。所以，你想保持年轻吗？你希望自己有活力吗？你期待着清晨能在新生活的憧憬中醒来吗？有一个好办法——每天都冒一点险。"

在美国优山美地国家公园，有一块垂直高度超过 300 米的大石，几乎是笔直的岩面，寸草不生。除了中段有个很小的岩洞可以栖身过夜外，整块石头可以说是毫无立足之地。只要光顾这里，导游就会指着这块光秃秃的石头对游客说："有一位因登山而失去了双腿的登山家曾经攀上了这块石头。当时电视现场直播，万人空巷。"

这是怎样一种人，怎样一种精神？探险之于当事人来说，并非寻求物质享受。正如张朝阳在珠峰脚下营地的日记所写："我开始佩服那些勇敢攀登的人们；单只是虚荣心是无法支撑他们面对如此极端而危险的挑战，在那时刻，你不会想到成功归来的鲜花与喝彩；那……还有什么？那是对人生严肃认真态度的毅然选择！那是内心勇敢乐观的无言明证！那是对人类生命力强大的终极的歌颂与赞叹！"

无论是进入生存大挑战的登山家，还是登珠峰的企业家，尽管都有摄像机在旁提示这并非孤独之旅，但是，摄像机不可能在你寸步难移时给你一双不累的脚，也不可能在你饥寒交迫的时候变出一块美味牛排。精神的力量，可以散布在人生的每一个角落。而这种体验也是一份生活的感动。

该出手时就不要瞻前顾后

在成功之路上奔跑的人，如果不能在机遇来临之前就能识别它，在它消逝之前就果断采取行动占有它，将它抓获，那么它就会转瞬即逝，或者是日久生变。这样必将导致幸运之神远离你。机遇是一位神奇的、充满灵性的，但性格怪僻的天使。它对每一个人都是公平的，但绝不会无缘无故地降临。坐等成功的到来，只能眼睁睁地看着机遇擦肩而过。

有一个人一天晚上碰到一个神仙，这个神仙告诉他说，有大事要发生在他身上了，他会有机会得到很大的财富，在社会上获得卓越的地位并且娶到一个漂亮的妻子。

这个人终其一生都在等待这个奇异的承诺，可是什么事也没发生。这个人穷困地度过了他的一生，最后孤独地老死了。当他上了西天，又看见了那个神仙，他对神仙说："你说过要给我财富、很高的社会地位和漂亮的妻子，我等了一辈子，却什么也没有。"

神仙回答他："我没说过那种话。我只承诺过要给你机会得到财富、一个受人尊重的社会地位和一个漂亮的妻子，可是你让这些从你身边溜走了。"

这个人迷惑了，他说："我不明白你的意思。"神仙回答道："你记得你曾经有一次想到一个好点子，可是你没有行动，因为你怕失败而不敢去尝试。"这个人点点头。

神仙继续说："因为你没有去行动，这个点子几年以后给了另外一个人，那个人一点也不害怕地去做了，你可能记得那个人，他就是后来变成全国最有钱的那个人。

还有，你应该还记得，有一次发生了大地震，城里大半的房子都毁了，好几千人被困在倒塌的房子里，你有机会去帮忙拯救那些存活的人，可是你怕小偷会趁你不在家的时候，到你家里去打劫、偷东西，你以这作为借口，故意忽视那些需要你帮助的人，而只是守着自己的房子。"这个人不好意思地点点头。

神仙说："那是你去拯救几百个人的好机会，而那个机会可以使你在城里得到多大的尊崇和荣耀啊！"

"还有，"神仙继续说，"你记不记得有一个头发乌黑的漂亮女子，你曾经非常强烈地被她吸引，你从来不曾这么喜欢过一个女人，之后也没有再碰到过像她这么好的女人。可是你想她不可能会喜欢你，更不可能会答应跟你结婚，你因为害怕被拒绝，就让她从你身旁溜走了。"这个人又点点头，可是这次他流下了眼泪。神仙说："我的朋友啊，就是她！她本来该是你的妻子，你们会有好几个漂亮的小孩，而且跟她在一起，你的人生将会有许许多多的快乐。"

不愿行动就等于放弃了成功的机会，一个成功者，应该不放过任何一个可能的机会，并且用行动证明机会的价值。

《致富时代》杂志上，曾刊登过这样一个故事。有一个自称"只要能赚钱的生意都做"的年轻人，在一次偶然的机会，听人说市民缺乏便宜的塑料袋盛垃圾。他立即就进行了市场调查，通过认真预测，认为有利可图，马上着手行动，很快把价廉物美的塑料袋推向市场。结果，靠那条别人看来一文不值的"垃圾袋"的信息，两星期内，这位小伙子就赚了四万块。

在通往成功的道路上，每一次机会都会轻轻地敲你的门。不要等待机会去为你开门，因为门闩在你自己这一面。机会也不会跑过来说"你好"，它只是告诉你"站起来，向前走"。知难而退，优柔寡断，缺乏一往无前的勇气，这便是人生最大的难题。

要善于发现机会，也要善于把握机会。没有一种机会可以让你看到未来的成败，人生的妙处也在于此。不通过拼搏得到的成功就像一开始就知道真正凶手的悬案电影般索然无味。选择一个机会，不可否认有失败的可能。将机会和自己的能力对比，合适的紧紧抓住，不合适的学会放弃。

用明智的态度对待机会，也使用明智的态度对待人生。不要为自己找借口了，诸如别人有关系、有钱，当然会成功；别人成功是因为抓住了机遇，而我没有机遇，等等。这些都是你维持现状的理由，其实主要原因是你根本没有什么目标，没有勇气，你是胆小鬼，你根本不敢迈出成功的第一步，你只知道成功不会属于你。

在我们周围，常常会发现这样一些人，他们很有才智，而且非常勤奋，但是很少看见他们有出色的成绩。他们迟迟不能有出色成绩的原因，很大程度上就是因为他们总是只想不做。他们的心里总是不断地出现各种主意，但是他们从来不把这些想法落到实处，然而空想是想不出结果的，只有动手去做，才能把握先机。只有这样，你才可能取得成功。等待是等不出结果的。

一位智商一流、执有大学文凭的翩翩才子决心"下海"做生意。有朋友建议他炒股票，他豪情冲天，但去办股东卡时，他又犹豫道："炒股有风险啊，等等看。"又有朋友建议他到夜校兼职讲课，他很有兴趣，但快到上课了，他又犹豫了："讲一堂课，才20块钱，没有什么意思。"他很有天分，却一直在犹豫中度过。两三年了，一直没有"下"过海，碌碌无为。

有些人不是没有成功立业的机遇，只因不善抓机遇，所以最终错失机遇。他们面对机会，总是患得患失，摇摆不定，不敢下定行动的决心，他们做人好像永远不能自主，非有人在旁扶持不可，即使遇到任何一点小事，也得东奔西走地去和亲友邻人商量，同时脑子里更是胡思乱想，弄得自己一刻不宁。于是愈商量愈打不定主意、愈东猜西想、愈是糊涂，就愈弄得毫无结果，不知所终。

没有判断力的人，往往使一件事情无法开场，即使开了场，也无法进行。他们的一生，大半都消耗在没有主见的怀疑之中，即使给这种人成功的机遇，他们也永远不会达到成功的目的。机会稍纵即逝，拖延只会让机会白白丧失。

所以，机会能否成功地变成现实，在很大程度上取决于有没有养成迅速行动的习惯。当你有了良好的行动习惯时，你就会自动冲破一切阻力，进入良性的行动循环中，加速走向成功。只要你认准了路，确立好人生的目标，就永不回头，"该出手时就出手"，向着目标，心无旁骛地前进，相信你一定会到达成功的彼岸。

勇敢地承担责任

人活着就是一种责任。吉姆是某一段铁路的发报员，工作认真，待人态度亲切，没有人不喜欢他。更让人敬佩的是他 24 岁就当上了这一路段的分段长，是这一职务里最年轻的一个。他的升职取决于他的果断和责任心。

在他未升职之前，发生了这样一件事。

那天早晨，他像往常一样来到办公室发报纸，刚一进来，就听到同事们说一辆被撞毁的车身阻塞了路线，铁路运输已陷入了大乱。电话铃声响个不停，许多赶火车的乘客急得团团转，纷纷质问到底出了什么事，为什么没有人解决？按照铁路的有关条例规定，遇到紧急情况，只有铁路分段长同意才能调车，没有分段长的书面或口头同意，任何人擅自执行都会受到处分或革职。

同事们之所以不敢有所行动，是因为分段长约翰不在，没有人愿意被革职，也没有人愿意承担责任。

眼看着堵车的情况越来越严重，货车全部停滞，载客特快也已因此而误点，而分段长依然是找不到。如果事情继续发展下去，会影响整个铁路运输系统。看到心急如焚的人们，吉姆再也顾不上许多了，他毅然在同事们胆怯的目光下发出调车集合电报，在上面签上了约翰的名字。他的举动的确破坏了铁路最严格的规则中的一条，如果查实，他将离开铁路系统。没有人敢于承担这样的后果。只有吉姆断然决定这样干，并且说一切后果由他承担。

　　不一会儿，拥堵的道路畅通了，约翰也回来了，各项事务都顺利如常了。吉姆告诉了他整个事件的经过，等待着他的批评和处分。约翰只是笑了笑，什么也没说。同事们感到很惊奇，问约翰为什么不照规则办事，今后还会有人服从规定吗？约翰严肃地说："在规则能解决问题时，按照规则办，当规则不能解决问题时，我们就要想办法。果断和有责任感的人永远不该受到指责。"不久，吉姆被升任为约翰的私人秘书，24岁时，他便成为这一铁路的分段长。

　　果断的人从来都不缺乏对事物的准确估计和判断，因此他们永远清楚地知道自己需要什么，能为别人做什么。但偏偏有这样一种人，当别人征询他的意见时，他不清楚自己的确切需要，便说："随便怎么都行。"然而，等结果出来后，他却又不停地抱怨，让他作决策时，他又犹豫不决。

　　美国盲人作家吉姆·史都瓦有一回搭乘飞机，坐在他旁边的是一个非常喜欢抱怨的人。作家甚至认为如果奥林匹克有抱怨比赛的话，他可以轻松地拿到一块金牌。当空中小姐来询问他们两个要吃鸡肉还是牛肉的时候，作家回答："鸡肉。"那个爱抱怨的人则表示："都可以。"

　　不一会儿，空姐端来了作家要的鸡肉，端给那人一份牛肉。接下来的20分钟，作家的耳朵在那个人不断喃喃抱怨他的牛肉有多难吃中痛苦地煎熬。那个爱抱怨的人完全不了解，这顿难吃的晚餐是他自己决定的。表面上看，这是空姐帮他挑的晚餐，但实质上，是他将自己的选择权交给别人的。

　　某个电视剧中的女主人公对男主人公说："现在我有两条路可以走，要么继续留在公司上班，要么去应试空姐完成我的梦想。你说我该走哪一条路呢？"男主人公直视她紧张的脸颊说："我能给你做决定吗？我做了决定你能真正接受吗？你能以后肯定不后悔吗？"

当你认为某件事确实无关紧要，你懒得去思考决策时，或者把决策权交给别人时，无论出现什么结果，我想你最好就是服从，闭住你的嘴巴，不要喋喋不休地埋怨唠叨，因为这时你的选择其实是"随意、随便什么都行"。还有一些人是这样一种类型，比如说在饭馆中点菜，他会说："你看着办吧，我吃什么都行。"可当你拿着菜单刚开始点菜，他就会不停地发表意见：把肉换成鱼吧，把豆腐换成茄子吧，把红烧改为清炖吧……这种人在很多事情上都是这样：不敢承担决策的重任，还想尽可能地照顾自己的利益，对别人的主张肆无忌惮地攻击。这样的人最终会让所有的人都离开他。自己的事情，自己果断地决定好了。

任何一项决策都会受到当时获取信息的完善程度与心态的影响。也许这个决策并不是最好的选择，但总得去做，才知道对错。即使真的做错了，那就拿出责任心，勇敢地承担，只有这样，才能一次比一次做得更好，也才会养成果断作决策的习惯。

机会掌握在自己手中

有些人成功靠埋头苦干，有些人成功靠一时的幸运，有些人成功靠千载难逢的机会。但有些人具备了这些却仍然与成功无缘，这是为什么呢？

很早以前，伟大的棒球手泰卡普在世界棒球锦标赛中，一口气打出四个全垒打，目前他仍是这项世界纪录的保持者。后来他把那支伟大的球棒送给他的一位朋友。有一天，他朋友的朋友来做客，有幸拿起这支球棒，并以极端敬畏的心情摆出正式球赛挥棒的姿态，力图模仿他，当然那种打击的样子绝对无法与泰卡普相提并论。

不出所料，另一位职业棒球联盟的队员对他说："老兄，泰卡普可不是这种样子打球的，你太紧张了，一心想打出全垒最美的姿势，结果一定是惨遭三败出局的命运。"

的确，看过泰卡普比赛的人都知道，泰卡普轻松自若地在场上挥棒的姿势，绝对是美不胜收，他的人与球棒自然地结合为一体，以充满韵律的动作，诠释了从容的道理，令人震惊，那真称得上是世界上最美的舞蹈！

一位棒球队的监督，曾说过这样的话："不论选手的打击率多高、守备多强、跑垒速度多快，如果他心中存有过于强烈的紧张感，我就会考虑淘汰他。因为，若要成为大联盟的选手，本身必须有相当的能耐，每一个动作不但要正确，更要以从容轻松的心情控制肌肉的运动，这样所有的肌肉与细胞才会富有韵律与弹性，在瞬间而发的关键时刻，才可以随心所欲地接球或挥棒。如果心里非常紧张、无法镇定下来，连带着全身的肌肉也一定随之绷紧，一旦遇到重大场面，根本无法顺利地完成应有的动作。当对方的球抛过来时，他的全部神经已经为之紧缩，又怎么能打好棒球呢？"

他的一席话不仅仅是针对运动员而言，凡是优秀的人，如果都能以积极而从容的心态进行工作，他们的坚定和自信会不知不觉地调动起自身最大的潜能，并与工作融为一体。当然并不是人人都有泰卡普那样的幸运和机会，但是不要忘记：消极的人等待机会，而积极的人则创造机会。

消极懦弱者常常用没有机会来原谅自己。其实，生活中到处充满着机会！学校的每一门课程，报纸的每一篇文章，每一个客人，每一次演说，每一项贸易，全都是机会。这些机会带来朋友，培养品格，制造成功。对你的能力和荣誉的每一次考验都是宝贵的机会，如果像道格拉斯这样的奴隶都能使自己成为演说家、著作家和政治家，那么，我们应该怎么办呢？道格拉斯连身体都不属于自己！

没有谁，在他的一生中，运气一次也不降临。但是，当运气发现你不具备接待它的条件的时候，它就会从门口进从窗口出了。你和它擦肩而过，是你自己没有把握住。

年轻的医生经过长期的学习和研究，他碰到了第一次复杂的手术。主治医生不在，时间又非常紧迫，病人处在生死关头。他能否经得起考验，他能否代替主治大夫的位置和工作？机会和他面面相对。他是否敢拿稳手术刀自信地走向手术台，走上幸运和荣誉的道路？这都要他自己做出回答。

对重大的时机你做过准备吗？

除非你做好准备，否则，在机会面前你只会显得可笑。

拿破仑问那些被派去探测死亡之路的工程技术人员："从这条路走过去可能吗？""也许吧。"回答是不敢肯定的，"它在可能的边缘上。""那么，前进！"拿破仑不理会工程人员讲的困难，下了决心。

出发前，所有的士兵和装备都经过严格细心的检查。开口的鞋、有洞的袜子、破旧的衣服、坏了的武器，都马上修补和更换。一切准备就绪，然后部队才前进。统帅胜券在握的精神鼓舞着战士们。

战士们皮带上的闪烁光芒，出现在阿尔卑斯山高高的陡壁上，闪现在高山的云雾中。每当军队遇到意料不到困难的时候，雄壮的冲锋号就会响彻云霄。尽管在这危险的攀登中到处充满了障碍，但是他们一点不乱，也没有一个人掉队！四天之后，这支部队就突然出现在意大利平原上了。

当这"不可能"的事情完成之后，其他人才意识到，这件事其实是早就可以办到的。许多统帅都具备必要的设备、工具和强壮的士兵，但是他们缺少毅力和决心、缺少尝试的勇气和信心，缺少好心态。而拿破仑不怕困难，在前进中精明地抓住了自己的时机。

善于为自己找托词的人把失败归罪于没有机会，但无数成功的事例告诉我们：机会掌握在自己手中。只要义无反顾地遵从自己的心，勇于创造机会，从容面对挑战，你就会像那些屹立在阿尔卑斯山上的士兵一样，傲然屹立于自己的人生顶峰。

敢冒大险，才会有大收获

有人说，成功来自幸运女神的垂青；有人说，成功得益于天生聪慧的大脑。但没有人比鲁冠球更清楚，成功的人生须经风浪洗礼，理想的目标要脚踏实地，是一步一步丈量出来的。商场就好比战场，竞争又是千变万化，所以，因循守旧、墨守成规注定要失败。

鲁冠球出生在浙江省萧山区宁围乡，父亲在上海一家医药工厂工作，工资收入微薄，他和母亲在贫苦的乡村，日子过得很艰难。初中刚毕业，为了减轻父母沉重的生活负担，鲁冠球想靠自己养活自己，就回家种起了庄稼，过起了普通农民的生活。十四五岁本来是读书的大好时光，告别学校的鲁冠球是下了很大决心的，但他的内心却很痛苦。鲁冠球决心要混出个人样来。

后来，经人帮忙，鲁冠球被介绍到萧山区铁业社当了个打铁的小学徒。此后，鲁冠球就干起了铁匠。鲁冠球庆幸自己终于告别了农民的生活，有了一份不错的职业，然而，命运往往会捉弄人，就在鲁冠球刚刚学成师满，有望升工资时，遇上了三年困难时期，企业、机关精简人员，他家在农村，自然首先成为被精简的对象，无奈之下，他只好回家了。鲁冠球感到自己又一次陷入了失意的境地。

经过一段时间的思索，鲁冠球买了一台磨面机、一台碾米机，办起了一个没敢挂牌子的米面加工厂。

然而，那样一个年代是禁止私人经营的，所以，鲁冠球搞米面加工的消息传到某上级领导那里后，就给了他"不务正业，办地下黑工厂"的罪名，然后立即派人查封。这样鲁冠球负债累累，只能卖掉刚过世的祖父的三间房。鲁冠球自己尚未成家，就折腾完了祖辈的家业，落得了倾家荡产的地步。

鲁冠球几乎被这无情的打击击垮了，他很长时间都吃不下饭、睡不好觉，整日闭门不出。让他感到特别痛苦的不仅是这次商业实验本身的失败，而是给家里带来的巨大压力，父母亲用血汗换来的钱就这样化为了乌有，使他成了"败家子"。但是，鲁冠球没有消沉，没有埋怨命运，没有抱怨生活，而是独自咽下了生命的苦水，重新挑起自己生命的重担，奋然前行。没过多久，鲁冠球又钻了"停产闹革命"的空子，在铁锹、镰刀都买不到、自行车也没处修的年月，收了五个合伙的徒弟，挂了大队农机修配组的牌子，在童家塘小镇上开了个铁匠铺，为附近的村民打铁锹、镰刀，修自行车，这一铁匠铺吸引了周围的许多男女青年。以后，鲁冠球的农机修配组的生意越做越红火。

历史的机会终于落到了有准备的头脑上。1969年，鲁冠球接管了"宁围公社农机修配厂"。

鲁冠球接手的前几年，宁围公社农机修配厂生产的万向节产品，一直由浙江省汽车工业公司包销，吃的是"大锅饭"，日子虽然不景气但总还算过得去。但后来赶上各地汽车大批封存，又一下子陷入了重重困境之中。万向节产品大量积压，没有销路，工厂有半年不能按时给职工发工资了。那一年春节前，他四处奔走，"求神拜佛"，总算借了些钱，让职工度过了"年关"。由于销路上的困难，当时厂里人心浮动，生产直线下降，职工没精打采。责难、骂娘、劝慰、建议……搅和在一起，特别是"干"还是"散"的议论，使鲁冠球像得了心绞痛病似的，脸色难看得吓人，头脑像要爆炸。他只好把自己关在办公室里，对自己的头脑进行"冷处理"：难道又要走倾家荡产的老路？出路又在哪里？

后来，鲁冠球终于探听到令人鼓舞的信息：汽车工业将要有大发展，全国汽车零部件订货会就要在山东胶南市召开。

　　于是，鲁冠球租了两辆汽车，带了销售科长，满载"钱潮牌"万向节产品直奔胶南，打算去订货会上拿到一大批订单。但因为是乡镇企业，根本进不了会场洽谈业务。鲁冠球说："那我们就在场外摆地摊。"他与供销科长就把带去的万向节，用塑料布摊开，摆满一地。一连三天，那些进进出出的财大气粗的汽车客商，连眼也不斜一下。鲁冠球想着如何吸引顾客，就派出几人到里面订货会上探个究竟。一打听，原来买方与卖方正在价格上"咬"着，谁也不肯让步。这时鲁冠球就测算着："假若自己的产品降价20％，也还有薄利。好！那我们降价。"说着就马上要供销员贴出降价广告。这一下摊前顾客就蜂拥而至了，一看，"钱潮牌"万向节质量不比订货会上的差，而且还比许多厂家好，价格要比其他厂家低20％，一下就过来了不少要货单、订货单。晚上，他们回旅社一统计，订出210万元。这一炮就打响了。

　　就这样，鲁冠球终于从失败中站起来了。然而，他的目光没有停留在这些成绩上，他这时看得更远，谋得更深了。

　　1983年3月，为了获得自主创业、自主经营的权力，鲁冠球承包下了万向节厂。

　　当鲁冠球把签章盖在了合同书上，鲁冠球家人的心为鲁冠球缩成了一团。苍老的母亲说："我刚过上几天好日子，你又要折腾，又要让一家老小为你担惊受怕！"那次"资本主义尾巴"事件至今在老人心里仍有阴影，她生怕儿子"好了伤疤忘了痛"，又走到倾家荡产的老路子上去。鲁冠球安慰母亲说："过去是政策不对头，不是我没办好；现在政策好了，我一定能干好！"

　　鲁冠球没有错，承包的第一年就超额完成154万元，以后的1984年、

1985 年，年年都超额完成。

1984 年春，美国派莱克斯公司亚洲经销处的多伊尔公司总裁多伊尔先生和美国席柯锻造公司经理奥尼尔先生到万向节厂考察。他们来到车间，不时地从成品堆里拿出万向节，用仪器认真地检测。通过严格的现场检测以后，他们满意地笑了："OK！马上签约。"就这样，钱潮牌万向节不断地运往美国、欧洲等国家。

经过多方努力，1994 年，经国家外经贸部批准，万向美国公司在美国注册成立。1997 年万向顺利实现与通用公司配套。

鲁冠球带领万向集团终于叩开了通用之门，为其走向世界迈出了坚实而有力的一步。

展望未来，鲁冠球满怀豪情。万向集团在他的带领下又绘制了一幅中长期发展的美好蓝图：到 2010 年实现两个三级跳，由省前 10 位跻身于全国 100 强，世界 1000 强；由省级集团跨入国家级集团，跨国集团。

不仅仅是鲁冠球，纵观所有的创业成功人士，我们可以从中发现他们的共同点就是敢于冒常人所不敢冒的风险，因为他们懂得所有的机遇都蕴藏在风险之中，不愿意冒险就永远不可能寻找到机遇，不愿意冒险最终将一事无成。他们在创业时会饱尝各种艰辛与磨难，会经受各种各样的打击，但是他们却表现得顽强不屈，越挫越勇，他们正是凭借着敢于冒险、不服输的性格才成就了事业的辉煌。

敢想敢做才能突破平庸

在现实生活中，有很多人活得很迷茫，很卑微。他们不知道自己活着的目的何在，每天只是机械地重复着千篇一律的生活。他们对很多事情，不敢去想，不敢去做，更不敢去奢望梦想中的生活，这样的人是注定与成功无缘的，为什么大家不用自己锐利的目光去解剖成功者到底是如何成功的呢？

汤姆·邓普西的故事想必大家有所闻，虽然这个例子很大众化，但是它确实体现出了一个问题——敢于想象就能与众不同。

汤姆·邓普西生下来的时候只有半只左脚和一只畸形的右手，父母怕他丧失信心，经常鼓励他。通过父母的鼓励，他没有因为自己的残疾而感到不安，反而养成了一种争强好胜的个性。果真如此，其他人能做到的事他都能做。例如童子军团行军一万米，汤姆也同样走完一万米。后来他要踢橄榄球，他发现，他能把球踢得比其他男孩子都要远，这更坚定了他要做一个不平凡的人的决心。

后来，他找人为自己专门设计了一只鞋子，参加了踢球测验，并且得到了冲锋队的一份合约。但是教练却一直劝说他，你不具有做职业橄榄球员的条件，最好去试试其他的行业。

这时候，他性格当中那种顽强不服输的劲头又在发挥作用了。汤姆·邓普西提出申请加入新奥尔良圣徒球队，并且请求给他一次机会。教练虽然心存怀疑，但是看到这个男孩有这么大的成功欲望，对他有了好感，因此就收了他。

时间不长，教练越来越喜欢这位浑身充满激情的年轻人了，因为汤姆·邓普西在一次友谊赛中踢出了55码远并且得分，最终使他获得了专为圣徒队踢球的工作，而且在那一季中为他的球队赢得了99分。

一次神圣的时刻，球场上坐满了6.6万名球迷。球是在28码线上，比赛马上就开始了。球队把球推进到45码线上，"邓普西，进场踢球。"教练大声说。当汤姆进场时，他知道他的队距离得分线有55码远，由巴第摩尔雄马队毕特·瑞奇踢出来的。

球传接得很好，邓普西使足全身的力气将球踢了出去，球笔直地前进。但是踢得够远吗？6.6万名球迷屏住气观看，接着终端得分线上的裁判举起了双手，表示得了3分，球在球门横杆之上几英寸处飞过，汤姆一队以18比17获胜。球迷狂呼乱叫，为获胜者而兴奋，这是只有半只脚和一只畸形手的球员踢出来的！

"真是难以相信。"有人大声叫，但是邓普西只是微笑。他想起他的父母，他们一直告诉他的是他能做什么，而不是他不能做什么。他之所以踢出这么了不起的纪录，正如他自己说的："我父母从来没有告诉我，我有什么不能做的。"

从上面的例子大家不难看出，敢于想象是成功的标志。汤姆·邓普西只有半只左脚和一只畸形的右手，对于一般人来讲，敢想去踢橄榄球吗？如果连想都不敢想，能取得最后的成功吗？

想象力通常被称为灵魂的创造力，它是每个人自己的财富，是每个人最可贵的才智。拿破仑曾经说过："想象力统治全世界。"一个人的想象力往往决定了他成功的概率，一个敢想敢做的人，他的成功率就会很高。

亨利·福特和安德鲁·卡耐基既是生意上的朋友，也是生活中的朋友。当福特汽车制造厂大批量生产汽车的时期到来时，卡耐基的钢铁像树木一样，源源不断地运到福特汽车制造厂。福特的名气和当时的卡耐基、摩根、洛克菲勒一样传遍世界的每一角落。

福特于1863年7月生于美国密歇根州。他的父亲是个农夫，觉得孩子上学根本就是一种浪费。老福特认为他的儿子应该留在农场帮忙，而不是去念书。

自幼在农场工作，使福特很早便对机器产生了兴趣，于是他那用机器去代替人力和牲口的想象与意念便早露端倪。

福特12岁的时候，已经开始构想要制造一部"能够在公路上行走的机器"。这个意念，深深地扎在他的脑海里，日日夜夜萦绕着他。旁边的人，都认为他的构想是不切实际的。老福特希望儿子做农场助手，但少年福特却希望成为一位机械师。他用一年多的时间就完成人家需要三年才能完成的机械师训练，从此，老福特的农场便少了一位助手，但美利坚合众国却多了一位伟大的工业家。

福特认为这世界上没有"不可能"这回事。他花了两年多的时间研究用蒸气去推动他构想的机器，但行不通。后来，他在杂志上看到可以用汽油氧化之后形成燃料以代替照明煤气，触发了他的"创造性想象力"，此后，他全心全意地投入汽油机的研究工作。

福特每一天都在梦想成功地制造一部"汽车"。他的创意被大发明家爱迪生所赏识，爱迪生邀请他当底特律爱迪生公司的工程师，让他有机会实现他的梦想。

终于，在1892年，福特29岁时，他成功地制造了第一部汽车引擎。

而在 1896 年，也就是福特 33 岁的时候，世界第一部摩托车便问世了。

由 1908 年开始，福特致力于推广摩托车，用最低廉的价格，去吸引越来越多的消费者。今日的美国，每个家庭都有一部以上的汽车，而底特律则一举成为美国的大工业城，成为福特的财富之都。

亨利·福特在取得成功之后，便成了人们羡慕备至的人物。人们觉得福特是由于运气，或者有成功的朋友，或者天才，或者他们所认为的形形色色的福特"秘诀"——这些东西使福特获得了成功，但他们并不真正知道福特成功的原因。柯维博士后来说过：也许在每 10 万人中有一个人懂得福特成功的真正原因，而这少数人通常又耻于谈到这点，因为这个成功秘诀太简单了。这个秘诀就是想象力。事实上，在一定程度上，只要能想到就一定能办到。

在生活当中，不怕做不到，只怕想不到，只要人们敢于想象，就会变得与众不同，就会迈向成功。

一个人有点野性未必是件坏事

不可否认，不羁的个性，已成了现代社会一个强有力的生存和竞争手段。一个人要想让自己成为办事的强者和胜利者，要被人尊敬，就要用自己的与众不同来说话。

美国人是疯狂的、野性的，这体现在他们做任何事情上。在现代，不靠祖辈福荫，能取得成功的企业家，又有哪一个不是充满野性呢？著名的 CNN 的老板特德·特纳是一个帆船爱好者，曾驾驶他的"勇敢者"号帆船夺取过美洲杯赛的冠军，当时他为夺得冠军而不顾风急浪险，因此获得"疯狂船长"的称号，对此他引以为荣。特纳年轻时代便以不安分守己著称，但由于父亲的突然自杀，未完成大学学业，年仅 24 岁的特纳继承了父亲的一家小广告公司。继承公司伊始，他的本性就显露无遗：他横下心终止原有的买卖，并拒绝交出已出售的广告牌租约，甚至威胁要销毁公司的资料，以迫使该公司的其他一些董事屈从他的愿望，把原先的特纳室外广告公司改名为特纳公司。

野性在很多时候是一个人性格中的负面因素，但一个人如果在什么情况下都像"温吞水"一样，做什么事都追求中规中矩，不敢出头，不敢冒险，是不可能做出出色成绩的。

特纳自孩提时代就梦想涉足于广播事业。他不顾当时流行的高频系统，做了一次赌博，用他仅能付得起的价钱，买下了位于亚特兰大的一家当地最小的超高频电视台——17 频道，并取名为特纳广播。随后，由于特纳成功地夺得了亚特兰大勇敢者队参加的棒球比赛实况转播权，而棒球当时是美国的第一运动，因此特纳的 17 频道开始广受电视观众欢迎。

但他并不满足，他的梦想是成为全美国的电视大王。这时，美国无线电公司成功地发射了一颗具有划时代意义的卫星——通讯 1 号。特纳敏锐地跟上了现代科技的步伐，捕捉住了大发展的商机。他毫不犹豫地租借了通信卫星 1 号上的一个传感器，使自己的有线电视网覆盖到了全美国。

1978年初夏，特纳身着牛仔装在他名为"希望"的种植园里，对他的下属们说："先生们，我们已在一艘准备出航的海盗船上！我是你们的船老大，我们即将出发，袭击海上所有的船只。"特纳开始向美国广播公司、哥伦比亚广播公司和全国广播公司这三家广播电视巨头发起了挑战。

特纳强硬、坚定的立场使有线电视新闻网不断取得发展。但关键时刻特纳却失踪了。原来特纳驾驶他的"顽强者"号帆船，参加了每年一度的"天网"杯帆船比赛。比赛中突然遇到特大狂风，海浪高达13.4米，参赛的船有30条被巨浪打沉，18个人被海水吞没，而比赛组织者宣称与"顽强者"号失去联系，该船情况不明！这一消息宛如一颗炸弹在公司总部爆炸，有些人已在查询特纳的生平，以便着手起草讣告。

突然电话铃响了，令人难以置信地传来了特纳的声音，响亮、清楚，似乎还带着暴风雨的奇特感。特纳和他的"顽强者"号不仅安全驶抵终点，而且赢得了这场比赛，由于他不顾风浪全速驾驶，而船上的发报机被风浪打坏，所以人们以为他早已葬身海底了。

如果说，1977年，特纳驾驶"勇敢者"号夺取了美洲杯帆船赛的桂冠使他获得了"疯狂船长"的称号并声名鹊起的话，那么，这次他率领"顽强者"号劈波斩浪，克服令人难以置信的险境而一举夺冠，使他的形象更为突出：这个特纳既勇敢又顽强，纵然困难重重，只要他想赢得胜利便能获胜。在"天网"杯赛前可能还有人怀疑特纳能否坚持到胜利，现在种种怀疑、担忧都烟消云散了。他的信条："绝不后退。"再一次得到证实。

特纳的成功，在于他海盗般的疯狂，狂野不羁的性格，以及奋发向上、顽强不息的斗志。

国际商用机器公司的第二任总裁小沃森，也是一个充满野性的人。大学时由于不喜欢那些枯燥、僵硬的课本知识，读书成绩太差，以至于父亲不得不多次为他转学。但他始终热衷于探险，喜欢自驾飞机和游艇周游世界。由于父亲年老体衰，他被迫继承了父亲的公司，但他并不按父亲的要求行事，只是机械地继承父亲的打孔机事业。他敏锐地感觉到电脑的前景，毅然将父亲奋斗一生的打孔机事业转向了电脑，从而造就了 IBM 这个蓝色巨人。他豪迈地宣称：无论是一大步，还是一小步，总是带动世界的进步。在他 50 多岁，IBM 正处于辉煌的顶峰时，他又提前退休，去圆他自驾游艇去北极探险的梦。反之，其后继者由于循规蹈矩，不能跟上时代，错过了发展软件、个人电脑的大好时机，使得IBM 几近破产，沉痛的教训后才改弦易辙，终于重新振作起来。这样的例子实在太多，还有现代世界的首富——比尔·盖茨，在世界最有名的大学——哈佛，读了三年，却毅然退学去发展自己的公司，一个没有野性的人能做到吗？

广州市曾做了一个统计，从中发现收入最高的阶层一般只有小学文化程度。小学文化程度的人为什么收入能达到最高？恐怕很大一部分原因正在于他们有野性，敢于很早就投身于市场经济。

大学毕业的人一般都是找到白领阶层的工作，比上不足，比下有余。他们虽然心里也萌发过冲动，但一来工作还可以，二来出去以后又能干什么呢？于是在这种犹疑中渐渐消失了斗志。反观那些没有学历的，本来就找不到好职业，为了生存，干脆一不做二不休做起了生意。由于他们没有退路，这项生意不行，必须想法寻找另一项生意。改革开放初期，经济秩序混乱，在这样不断地尝试之中，总能找到赚钱的方法，于是他们有了第一桶金。

没有野性，你就只会循规蹈矩地生活，安于现状，没有奔放，没有丰富的遐想，没有对未来生活美好的憧憬，于是你办什么事也就没有动力，没有想象力，没有创造力，从而你也就只能平庸地生活，完全被社会和环境主宰，甚至完全没有自己的个人意愿，随波逐流。

在我们身边的芸芸众生中，有不少人才华横溢，聪明绝伦，但由于缺乏野性，缺乏内心的张扬，他们只是在等待，却不懂得主动出击。很多原本应该能办成的事情也就在等待中成了梦中黄粱。这不是特纳们的生存哲学，也不应该是我们这个时代的生存哲学。

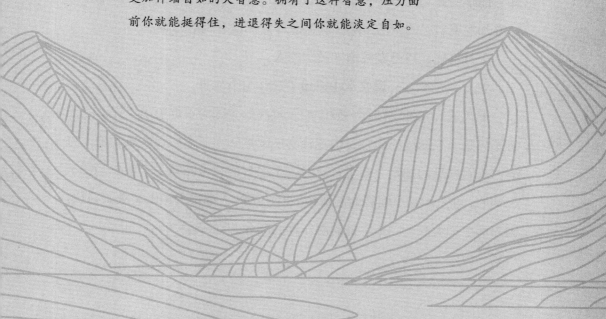

中篇 舍之智慧

放弃负累才能活得轻松

"舍"不仅仅是与"得"交换的筹码，它更是调整身心、释放心灵、提升人生层次的重要途径，是把自己的生活变得更加丰富多彩，让自己的立世之道更加伸缩自如的大智慧。拥有了这种智慧，压力面前你就能挺得住，进退得失之间你就能淡定自如。

第四章
别把名与利看得太重

利益重要，但绝非最重要

我们要争取自己的利益，但我们不能为此而丢弃一些更重要的东西，比如尊严，比如善良，比如个人修养，比如爱……因为如果没有了这些，你会发现自己已经成了金钱的奴隶，你享受不到金钱带来的快乐，却只能享受到它的冰冷；本来赚钱是为了让自己生活得更好更幸福，但结果却发现自己的生活里除了利益以外竟然没有别的乐趣。

千万不能让自己变成这样可悲的人。

W.J. 莱德勒在一篇文章中讲述了这样一个故事：

很久前，我被安排在一艘停泊于重庆的美国海军炮艇上工作。我当时还只是一个初级的尉官，但竟轻易地突然间出了名。在一次当地举办的"不看样品的拍卖"会上，我对一个密封的大木箱喊了个价。箱子沉甸甸的，谁也不知里面装的是什么。但在场的人都肯定箱内装满了石块，因为那个拍卖商一向是以他的恶作剧而闻名的。

　　我出价 30 美元。拍卖商指着我喊道："卖了！"这时有人在小声说："又一个受骗的美国佬！"但是当我打开木箱时，周围发出了一片嗡嗡的议论声，有懊悔的，也有羡慕的。大木箱内装的是两箱威士忌酒，这在战争时的重庆是极为珍贵的。

　　英国领事馆的一个秘书出 30 美元向我买一瓶。还有人出更高的价，但我都一一回绝了。我不久就要被调走，正打算开一个大型的告别酒会。

　　此时，欧内斯特·海明威到了重庆。他也和不少人一样，犯了我们当时所谓的"四川干渴症"，即越得不到越想喝的酒瘾。有一天，他来到我们的炮艇"塔图伊拉"号上，对我说："我听说你有两箱醉人的玩意儿？"

　　"是啊。"

　　"我买六瓶，你要什么价？"

　　"对不起，先生，我不卖。我留着是为了一旦接到调令离开这个鬼地方时，好好热闹一番。"

　　海明威掏出一大卷美钞，说："给我六瓶，你要什么都行。"

　　"什么都行？"

　　"你说个价儿吧。"

　　我想了一想说："好吧，我用六瓶酒换你六堂课，教我如何成为一个作家。"

　　"这个价可够高的，"他说，"真见鬼，老兄，我可是花了好几年的工夫才学会干这一行的啊。"

　　"而我却有好几年在拍卖时上当受骗，这才交上好运。"

　　海明威做了个鬼脸："成交了。"

　　我递给他六瓶威士忌。接着的五天里，他给我上了五堂课。他真是个了不起的老师，此外，他还喜欢开玩笑。我也不时地取笑他，特别是拿威士忌当笑料："你知道，海明威先生，我在拍卖时投个机肯定是值得的。首先，我使那个拍卖商上了当，此外，我还震惊了那些太胆小不敢出价的顾客。而此刻，我用六瓶威士忌正在得到美国最出名的作家辛苦摸索到的从事写作的诀窍。"

　　他眨了眨眼说："你是个精明的生意人。我只是想知道，其余的酒你曾偷偷灌下了多少瓶？"

　　"我一瓶还没有打开呢，"我说，"我要把每一滴都为我的大型酒会留着。"

　　"孩子，我想向你提一点我个人的忠告。千万不要迟疑去吻一个漂亮的姑娘或开一瓶威士忌酒。应尽快地去尝试一下。"

　　海明威因事要提前离开重庆。为了跟他学完最后一堂课，我陪他一起去机场。

　　"我并没有忘记，"他说，"我这就给你上课。"

　　飞机的发动机已在轰鸣，他紧凑着我的耳朵说："比尔，你在描写别人以前，首先自己得成为一个有修养的人。为此，你必须做到两点：第一，要有同情心；第二，要能够以柔克刚。千万不要讥笑一个不幸的人。而当你自己不走运的时候，不要去硬拼，要随遇而安，然后去挽回败局。"

　　"我不明白，这对于一个作家有什么相干？"我对他说的不怎么理解，便打断他的话头。

　　"这对于你生活是至关重要的。"他一字一顿地说。

搬运工人已在装行李了，海明威向飞机走去。在半道上，他转过身来喊道："朋友，你在为你的狂欢会发出请柬以前，最好把你的酒先抽样检查一下！"

几分钟后，飞机已升入蓝天。我回到藏酒的地方，打开了一瓶，接着开了一瓶又一瓶，里面装的全是茶。原来，那个拍卖商还是把我给骗了。

海明威当然在一开头就知道了实情，但他只字未提，也没有讥笑我，并且愉快地遵守了交易中他应承担的部分。此时，我才懂得了他教导我要做一个有修养的人的涵义。

海明威付出了他的劳动，但是并没有得到他应得的报酬，可是这无关紧要，因为他没有因此而失去自己的修养，他说得对，这对于生活是至关重要的。如果他在一发现酒是假的就和莱德勒说明，并拒绝教他写作，那当然是很自然不过的事，没人能说海明威不对。可是从另一个方面想，海明威会因此而失去自己的修养，那可是比这六瓶酒更宝贵的东西。

金钱重要，尊严更重要

只要是在这个社会上生存，就不可能抹杀钱的作用和重要性，衣食住行生老病死都要用钱，但钱并不是全部。我们需要钱，那是为了用钱购进所需，但是我们也没有必要把钱奉为上帝，变成了金钱的奴仆，为了赚钱而不择手段。

用合法的正常的途径去赚钱，来满足自己的需求，这才是最舒心的事。

有位年轻人在岸边钓鱼，旁边坐着一位老人，也在钓鱼。两个人坐得很近。

奇怪的是，老人家不停有鱼上钩，而年轻人一整天都没有收获。年轻人终于沉不住气了，问老人："我们两人的钓饵相同，钓鱼的地方也是一样，为什么你就能轻易钓到鱼，而我却一无所获呢？"

老人从容地答道："我钓鱼的时候，只知道有我，不知道有鱼；我不但手不动，眼不眨，连心也似乎静得没有跳动。于是，鱼便不知道我的存在，所以它们咬我的鱼饵。而你心里只想着鱼吃你的饵没有，眼睛也不停地盯着鱼，见有鱼来咬钩，你心里就急躁，情绪不断变化，心情烦乱不安，鱼不让你吓走才怪，这样又怎么会钓到鱼呢？"

我们如果急于赚钱，可能反而钱都进了别人的口袋，因为我们的心太迫切、急躁了，使得自己的行为充满了功利色彩和目的性，这就像那个年轻人一样，心都安不了又怎么去让鱼上钩呢？

如果可以像那位老人一样从容不迫、顺其自然，对工作尽自己的努力，但不过分奢求，一颗心安安稳稳、沉静清明，那么该得的自然会得到。

彼得大帝作为俄国王位的继承者，是通过难以想象的艰苦努力才得到王位的。

他比其他王室成员更经常地脱下宫廷服装、穿上工作服。他 26 岁的时候，放弃了奢华的生活，开始周游列国，向这些国家的优秀人才学习。在荷兰，他自愿当一位造船师的学徒；在英国，他在造纸厂、磨坊、制表厂和其他工厂工作。他不仅细心地揣摩学习，而且像普通工人一样卖力工作、拿工资。

在伊斯提亚铸铁厂，他用一个月的时间来学习冶炼金属，最后一天他铸造了十八普特的铁，把自己的名字铸在上面。那些陪同他出访游历的俄国贵族子弟，连想都没想过会做这样的苦工，但是最后也不得不跟着他背煤块、拉风箱。

当时，一个普通铁匠铸一普特铁只能得到三个戈比的报酬，但是工头付给彼得大帝 18 个金币。彼得大帝说："我并没有比别人做更多的事，你给别人多少就给我多少吧。我只想买一双鞋。"

无论什么样的正当工作，都是伟大的，工作没高低贵贱之分，只要你认真工作付出了努力，就理所应当得到合适的报酬。要对得起自己的工作，不应该偷懒耍滑，想着少付出多获得，那首先就是在贬低自己的价值。

有时候我们会觉得自己的工作太辛苦，要完成的事情显得那么沉重，简直是不可能完成的任务。于是会心灰意冷，不愿意去做。可是，如果遇事都能竭尽全力，那么我们就会无所不能。

在这世界上，有些看来不可逾越的障碍只是我们自己给自己设置的，如果能竭尽全力就可以做到，就像俗话所说的："世上无难事，只怕有心人。"

1914 年的冬天，在瑟瑟的寒风中，美国加州沃尔逊小镇来了一群逃难的流浪者。长途辗转流离，使得他们一个个面黄肌瘦、疲惫不堪。

善良的沃尔逊人家家燃炊煮饭，友善地款待这群流浪者，镇长亲自为他们盛上粥食。

这些流浪者显然很多天没有吃到食物了，他们一个个狼吞虎咽，连句感谢的话都顾不上说。

只有一个年轻人例外，当镇长把食物送到他面前的时候，这个骨瘦如柴的年轻人问："先生，吃您这么多东西，您有什么活儿需要我做吗？"

镇长想，给每个流浪者一顿果腹的饭食，这是每个善良的人都会做的，并不需要什么报答。于是答道："不，我没有什么活儿需要你做。"

这个年轻人目光顿时暗淡下来，他的喉结剧烈地上下动了动："先生，那我不能随便吃您的东西，我不能没有经过劳动，便平白得到这些东西。"

镇长想了想，说："我想起来了，我这儿确实有点活儿要你帮忙，不过得等你吃完饭以后再去做。"

"不，我现在就去做，等做完活儿，我再吃这些东西。"年轻人激动地站了起来。

镇长深深地赞赏这个年轻人，但他知道这个年轻人已经很久没吃到东西了，又走了这么远的路，他没有力气做什么活儿了。可是不让他做，他是不会吃东西的。镇长思索片刻，说："小伙子，你愿意为我捶背吗？你知道，人老了，腰背就总是酸疼。"说着还握拳轻轻敲了敲自己的腰。

年轻人便十分认真地给镇长捶起背来，过了几分钟，镇长说："可以了，小伙子，你捶得棒极了。"说完将食物端到年轻人面前，年轻人这才狼吞虎咽地吃了起来。

镇长微笑着注视着年轻人："小伙子，我的农场太需要人手了，如果你愿意留下来的话，那我就太高兴了。"

年轻人留了下来，并很快成了农场里的一把好手。两年后，镇长把女儿许配给了他，并对女儿说："别看他现在一无所有，但他百分之百是个富翁，因为他有尊严！"

20 年后，那个年轻人果然成了亿万富翁，他就是赫赫有名的美国石油大王哈默。

哈默没有因为饥饿而将自己降低到乞丐的地位，而是坚持用劳动换取食物，正是因为他的自尊自重才赢得了别人的尊敬，得到更多的机会。

天上不可能掉下馅饼来，世上没有免费的午餐，想拥有好一些的物质生活，就必须付出努力。一日不工作，一日不得食，拥有这种信念的人才会成功，"流自己的汗，吃自己的饭"，这才算是最舒心的生活。不劳而获或许可以暂时得到一些利益，但是牺牲的却是自己的尊严和别人的尊重，失去的是长久的利益。

所以说君子爱财取之有道，不仅应该用合法的途径去获得财富，而且拒绝不劳而获。

别成为名利的奴隶

人赚钱是为了生存，但生存的目的不能仅仅是为了赚钱。假如把追逐名利当成人生的唯一目标和自我价值的体现，那这个人就已经成了名利的奴隶，哪怕富有四海，生活得也不会快乐。因为在他的生命之中，早已忘记了生活的真谛，而只把生存的基本当成了全部的生命意义。

有这样一个故事：

他本出生在贫民窟里，但他从小就知道怎么赚钱。他会把坏的玩具修好，让同学玩儿并收取费用。初中毕业后，他又卖起了杂货，也做得很顺手。让他发迹的是一堆被浸染的丝绸。

那天，他在港口的一个地下酒吧喝酒。旁边坐着一群日本海员，海员正在说有一批被浸染了的丝绸没法处理，想扔掉，他听到了。第二天，他就来到了海轮上，用手指着停在港口的一辆卡车对船长说："我可以帮助你们把丝绸处理掉。"于是他不花任何代价便拥有了这些被浸染过的丝绸。他把这些丝绸制成了迷彩服一般的衣服、领带和帽子，几乎是在一夜之间，他靠这些丝绸拥有了 10 万美元的财富。

他成了真正的商人。之后他在郊外看上了一块地，他花 10 万美元买了下来。三年后，他的地皮价值 2400 多万美元，他成为城里的一位新贵，可以像上层人一样出入高贵的场所了。

有人怀疑他有市政府的朋友，然而，结果却相反。

他的发迹好像是一个谜。

他活了 77 岁，临死前，他让秘书在报纸上发布了一则消息，说他即将赴天堂，愿意给别人逝去的亲人带口信，每则口信收费 100 美元。结果他因此又赚了 10 万美元。他的遗嘱也十分特别，他让秘书再登一则广告，说他是一位礼貌的绅士，愿意和一个有教养的女士同卧一块墓穴。结果，一位贵妇人愿意出资五万美元和他一起长眠。

没错，他是一位成功的商人，靠自己的执着成了千万富翁。但是，像他这样连自己的死亡都拿来交易的人，这被金钱贯穿的一生快乐吗？那些出售自己墓穴的金钱会让他带上天堂吗？那些为逝去的人带口信挣的钱能买回他的生命吗？这些金钱到底给他带来了什么？你能想象这位商人的一生有多么枯燥吗？他的一生除了赚钱，还是赚钱，直到生命最后一刻仍然是赚钱。

有人认为金钱是万恶之源，认为金钱会让人堕落，让人痛苦，让人犯罪。但是《圣经》上说："贪钱是万恶之源。"关键就在这个"贪"字。哪怕把"贪"字换成了"执着"，听来似乎倒显得高尚了，但实际仍然是一样的。

美国石油大王洛克菲勒出身贫寒，经过他不懈的努力，在 33 岁那年赚到了人生中的第一个百万，到了 43 岁，他建立了世界知名的大企业——标准石油公司。当金钱像贝斯比亚斯火山流出的岩浆似的流进他的口袋里时，他却成了事业的俘虏。

在农庄长大的洛克菲勒曾有着强健的体魄，走起路来步步生风，也正是这副强健的身体支持他创立了自己的金融帝国。但是已经富有的洛克菲勒，每天只想着如何赚钱，深深被忧虑和压力所困扰，身体变得极度糟糕。他的头发不断脱落，连睫毛也不能幸免，最后只剩下稀疏的几根，医生们诊断他患了一种神经性脱毛病，后来不得不戴上假发。

在对于大多数人而言尚是巅峰的岁月，洛克菲勒却已步履蹒跚。他之所以会如此，是因为他缺乏运动和休息，他把时间全部用来工作，使体力严重透支。虽然他如此富有，但却只能依靠简单的饮食维持生命，洛克菲勒每周收入高达几万美金，可是一个礼拜所吃的食物还不到两美金，医生只允许他进食酸奶与几片苏打饼干。他只能用钱买到最好的医疗，使自己不至于过早地离开人世。

洛克菲勒永无休止地全心全意地追求目标，当他赔了钱，他就会大病一场。有一次，洛克菲勒运送一批价值四万美金的谷物取道大湖区水路，保险150美元，他觉得太贵了！因此没有买保险。正巧，当晚伊俐湖有暴风，洛克菲勒担心货物受损，第二天一早，他就让合伙人赶紧去保险公司投保。但是当合伙人投保回来时，发现洛克菲勒的状态简直糟糕极了，因为他刚收到电报，货物已安全抵达，并未受损！所以洛克菲勒气坏了，他心疼刚花出去的那150美元的投保费用，并因此生了病，不得不回家卧床休息。想想看，他的生意一年能为他赚回50万美元，他却因为区区150美元而把自己折腾得卧病在床！

他无暇游乐或休闲，除了赚钱他没有时间做其他的事。他的合伙人贾德纳与人合资2000美元一起买了艘游艇，洛克菲勒不但反对，而且拒绝坐游艇出海，他说："贾德纳，你是我所见过最奢侈的人，你损害了你在银行的信用，连我的信用也受到牵连，你这样做，会拖垮我们的生意！我绝不会坐你的游艇，我甚至连看也不想看。"

永远缺乏幽默，永远只懂得赚钱，这使得洛克菲勒不仅健康受损，而且性格也变得贪婪冷酷。那些宾夕法尼亚州油田地区的居民对他深恶痛绝，无数充满憎恨和诅咒的信件涌进他的办公室，有那么多人想把他吊死在苹果树下。他不得不雇用保镖以防被暗杀。甚至连他的兄弟也讨厌他，还将儿子的遗骨从洛克菲勒家族的墓地迁到其他地方。他说："在洛克菲勒支配下的土地里，我的儿子变得像个木乃伊！"另一位财阀摩根拒绝与他有任何生意往来，他的部属与合伙人都极其畏惧他。讽刺的是，洛克菲勒也同样怕他们，怕他们泄露公司的秘密，他对人性几乎没有丝毫信心，尽管他曾说："希望能被人爱。"

马克·汉纳说过："这是一个为钱疯狂的人。"

这时，医生告诉洛克菲勒一个事实：他必须在财富与忧虑或是生命中二选其一。再不退休，就是死路一条！已经被忧虑、贪婪与恐惧摧毁了身体的洛克菲勒，不得不选择了退休。尽管他比麦克阿瑟反攻菲律宾时还要年轻几岁，但看上去他已完全是个老人，脸上写满了忧患，让人怜悯。

的确，洛克菲勒拥有一个超级石油帝国，他的财富、地位令人望其项背而不能及，但同时这一切并未给他带来快乐，他的衰弱、孤独令人同情。

遵守医生的嘱咐，洛克菲勒开始学着打高尔夫，从事园艺，玩牌，与邻居聊天，甚至唱歌。最重要的是，他在失眠的夜里终于有时间去反省——以往他是用这些时间来考虑如何赚钱的。他开始考虑把庞大的财富捐赠给那些需要的人，开始的时候，人们不愿意接受他的捐赠。

当洛克菲勒捐钱给教会时，引起全国神职人员的反对，他们称它为"脏钱"。但是诚心总会打动别人，人们渐渐地接受了他的奉献。洛克菲勒成立了基金会，以确保每笔钱都能有效地使用。在他的支持下，密歇根湖畔的一家快倒闭的小学院建成了世界上知名的芝加哥大学。青霉素及其他数十种发明是洛克菲勒出资才得以完成的，那些肆虐世界的疾病如疟疾、肺结核、脑膜炎及白喉都因为他的资助而受到了反击。

在捐出数以亿计的财富时，洛克菲勒找回了他的健康和快乐。他的捐助不是为了虚荣，而是出于至诚；不是出于骄傲，而是出自谦卑。他终于不再做金钱的奴隶，摆脱了对名利的贪婪。

在洛克菲勒的后半生，他身心健康，耳聪目明，日子过得很愉快。即使在事业遭受重创时，这个曾因 150 美元而大病一场的人，却平静地接受了事实，然后安稳地睡了一觉。

他逝世于 1937 年，享年 98 岁。在 53 岁被医生宣判"死刑"之后，他快乐地度过了 40 多年的时光。在他去世时，全部财产都捐赠或分赠给继承者了，在他身边只留下一张标准石油公司的股票，因为那是第一号。

钢铁大王安德鲁·卡耐基说过："一个人死的时候还极有钱，实在死得极可耻。"毫无疑问，洛克菲勒去世的时候是安详而平静的，因为他已经懂得这样一个道理："金钱就是自由，但是大量的财富却是桎梏。"他成了名利的主人，而不是受其奴役；他看清了名利的力量，却没有被它控制；他拥有合理运用名利的理性，知道如何运用它来造福人类。这让洛克菲勒的人生真正成了有价值的人生。

受生长环境所限，虽然知道这些道理，却不是所有人都能做得到。但是就算我们达不到洛克菲勒和卡耐基的境界，至少我们也可以让自己不被名利束缚住。因为人生是一趟单程旅行，只有摆脱名利的累赘和捆绑，才能轻松自如地领略旅途中的风景，品尝到人生的快乐。

去留无意，宠辱不惊

名利双收的事当然会有极强的诱惑力，但是有些东西是否应该得到，不应该以内心的欲望作为判断标准，而是在乎心中是否坦荡，那么不论是处庙堂之高还是处江湖之远，都会体味到生活的甘甜。

春秋战国时候，有个人叫陈定，学富五车，才华横溢。他屡次上书楚王，希望能入仕做国君的谋臣。但却遭人忌恨，因而一直郁郁不得志，未能出仕做官。

他的妻子是一个极有见识的女子，虽然由于陈定除了学问之外没有更好的谋生手段，因此二人生活极为窘迫，但夫妻俩相亲相爱，举案齐眉，日子过得极为融洽。

有一天，夫妻俩正在愁着没米下锅时，楚王的使者来了。原来，楚王有个贤德的谋臣屡次向楚王推荐陈定，大赞陈定学识渊博，能堪大任。楚王终于被打动了，就派使者带两千两黄金，聘请陈定去当宰相。

多年的夙愿终于有了实现的机会，陈定顿时欣喜若狂，他一送走使者，就兴冲冲地跑到里屋，握住妻子的手，激动地说："我就要当宰相了，以后我们出门有华贵的车子，吃饭有山珍海味，穿衣是绢丝袭袍，嗯，咱们再也不用为贫穷而发愁了。"只见他眼里闪烁着光芒，似乎已经陶醉在即将到来的富贵中了。

妻子看见他兴奋得满脸红光的样子，却长长地叹了一口气。

陈定奇怪地问："贤妻，你在叹什么气呀？难道你觉得宰相这个官职还不够大吗？"

妻子回答道："夫君，你错了。你想想，车子再华贵，你不过只坐一尺的地方；饭菜再鲜华，你不过只塞饱一个肚子；衣服再精美，只不过暖了你一个人，这有什么高兴的呢？楚王这么看重你是为什么呢？还不是让你给他掠地争城。你看，现在各国诸侯你砍我杀，受害的都是老百姓。有仁德的人，怎么可以干坑害百姓的事情呢？"

陈定听后，低头不语。半天，他抬头望着妻子憔悴的面容，握住她粗糙的双手，深情地说："我想当宰相其实也是为了你呀。你跟着我吃的苦太多了，我多么希望你能生活得好一点啊！"

妻子十分感动，但她还是说："少吃少喝固然苦一点，但是坑害百姓，难道心里就不苦吗？咱们苦，只苦一家，咱们要乐，那就苦了一国的百姓。"

"好，听你的！"陈定觉得妻子比自己看得远，想得深，决定不去楚国做官。

因怕使者逼迫，他们俩便连夜逃出家门，隐姓埋名，当了浇菜园子的人。

虽然天天煮南瓜当饭吃，但是由于心中坦荡，他们也不觉得生活有多么苦，反而更能体会到平凡的幸福。

把自己的幸福建立在别人的痛苦之上，那是真正的幸福吗？其实有很多人根本不会去想这样的问题，就像故事中的陈定，开始的时候他只想到当宰相可以实现自己的抱负、可以让家人生活富裕，但却没想到高官厚禄的背后将是众多百姓的流离失所，是更多家庭的家破人亡。陈定的妻子清醒地看到了这些，所以她才劝说陈定拒绝送上门来的富贵，选择安贫乐道。

如果你能具备陈定之妻的见识，相信你不论是富贵还是贫寒，都能安之若素，风光无限。

有一个人来到神的面前祈祷："万能的神呀，请您赐予我幸福。"

神慈祥地对他说："我的孩子，你今年多大了？"

那人回答："神啊，我今年 60 岁了。"

神说："难道这 60 年来你都没有幸福过吗？"

那人摇摇头："10 岁的时候我不懂什么是幸福；20 岁时我在忙着追求学历文凭；30 岁时我在拼命挣钱买房买车；40 岁时我为了升迁和高薪而无暇他顾；50 岁时我在为了儿女的前途而操心奔波；60 岁时我为了一身的病痛求医寻药……"

神叹了口气，说："可怜的孩子，这 60 年来我在不断地赐予你幸福啊。"

那人叫了起来："真的吗？它们在哪里？"

神说："你 10 岁的时候，和小朋友们嬉戏玩耍不识愁滋味，那不是幸福吗？你 20 岁的时候，青春正盛身体康健，体会着爱情的甜蜜，那不是幸福吗？你 30 岁的时候事业初具规模，孩子初降人世，一颦一笑无不牵动你的心，那不是幸福吗？你 40 岁的时候拥有事业和家庭，同事和蔼，妻子贤惠，儿女聪明，而养育你的父母尚且健在，那不是幸福吗？你 50 岁的时候，已经不必再为生计担忧，儿女学业有成即将开始自己的人生，那不是幸福吗？你 60 岁的时候，终于不必再出门工作，每天和妻子享受休闲生活，还可以同老友们一起钓鱼打牌，那不是幸福吗？"

神又叹了一口气，接着说道："除此以外，我每天送到你面前去的细小的幸福更是不可计数啊。温暖的阳光，怡人的清风，淡淡的花香，陌生人的微笑……哪一样不是幸福呢？"

那人呆了半晌，问道："可是为什么我从来没有感觉到幸福呢？"

神说："你的心里充满了名利、烦恼、劳苦与怨恨，孩子，你能在哪里安置我赐予你的幸福？"

那人恍然大悟，思之过去，忍不住痛哭流涕，原来不是没有幸福，而是自己被名利、欲望和烦恼蒙蔽了双眼，没有体会那时刻闪现的小小幸福。这 60 年的时光就这样白白浪费了。

当人们在名利之路上奔波时，究竟错过了多少幸福，恐怕他们自己永远也不知道。即使知道了，只怕有些深陷名利之渊的人也会认为那是不值得一提的。但是他们所获的名利就真的值得炫耀吗？

希腊伟大的国君亚历山大大帝，一生叱咤风云，在极短的时间就征服了欧、亚、非三大洲，他的地位几乎无人可以企及，他拥有无数的财富、土地以及人民。据说他曾为没有可征服的地方而伤心落泪。但是这位历史上极具成就的君王，到 30 多岁就因生病而去世了。

在去世前亚历山大大帝感触良好，要求他的部属在自己的棺木上挖两个洞，等他死后装进棺材时，把他的双手从洞里伸出来，露在外面。他要借此昭告世人：他虽然拥有无数的财富和崇高的地位，但死了之后，却一样都带不走。

就连显赫如亚历山大大帝也不可能将名利带入死后的世界，无论生前有多少财富、多么崇高的地位，全部在棺木之前截止。人们对名利的眷恋和欲望太多，往往阻碍了对生活的品味。

无论是在水中加糖、加蜜、加柠檬、加茶叶……真正有滋味的其实都还是最原始的那杯清水。可惜人们通常更愿意在水中加入自己认为有滋味的东西，而忽视了真正的甘甜，而那原本只需要一颗沉静淡泊的心便可以品尝到的。

从名利面前退后一步吧，世界由此而开阔，生活由此而绚丽缤纷。

头衔名片皆可抛

几年前，马思尼自己创业当老板，年收入超过 50 万美元。不料，就在公司的业绩如日中天的时候，他突然决定把公司交给太太经营，自己则转到一家大企业上班，月薪骤减为 6000 美元。为此，太太一度无法谅解他："你们男人到底在想什么？"

马思尼透露，当时他的想法很简单：对方应允他可以拥有一间单独的办公室，旁边摆着一台音响，每天愉快地听着音乐工作，而这正是他一直最想过的日子。

马思尼并不想做大人物，所以，他也从不认为，男人就一定要当老板，有些事其实可以让给女人做。不过，他观察到大多数的男人好像都非得做个什么头儿，觉得有个头衔才有面子。

有一回，他听到一位年轻的男同事要求升头儿，理由是："我的同学掏名片出来，个个都是头儿，只有我不是，我都被他们比下去了！"

马思尼承认，男人的野心确实比女人大，而且，很多男人不能接受"你比我好，你比我强"，总觉得自己一定要赢过别人。

以前，他也有过同样的想法，到后来则发现这其实是"自己给自己的枷锁"。于是，他渐渐学会"欣赏"别人的成就，而不是处处跟别人比。"我跟别人比快乐！"他说。也许别人比他有钱，做的官比他大，但是，却比他活得辛苦，甚至还要赔上自己的健康和家庭。

马思尼说，他这辈子最想做的是当一名"义工"，虽然没有名片，也没有头衔，但却是一个非常快乐的人，"我希望能在 50 岁之前，完成这个心愿"。

马思尼相信，当他的男性朋友听到他的这番告白，免不了会露出男性的武士本色，说："你别恶心了！我简直要抱着垃圾桶吐！"那么，马思尼会不会因此而不自在呢？他回答得很潇洒："这种男人的话不必当真，就让他们去吐吧！"

一年多前，翟强毅然放下了公司"副总经理"的头衔，当时，他的小儿子即将出世，翟强决定回家担任专职的"奶爸"。

小儿子出世后，翟强几乎足不出户，太太出外工作，而他则整天在家与奶瓶、尿布为伍，除了照顾孩子，洗衣、烧饭、打扫等家务也由他一手包办。

偶有机会外出应酬，别人忙着相互交换名片，轮到翟强时，他总是说："对不起！我现在是全职奶爸，没有名片！"对方多半睁大眼睛看他，流露出一副不可置信地神色。

翟强"转业"做家庭主夫究竟是为什么？

翟强不否认，自己正面临人生的转型期。就像大多数男人一样，以前，他把所有的重心放在事业上，觉得，男人嘛！事业最大。"可是，等到有一天我真的坐到最高的位置的时候，我又很迷惘，突然觉得这一切世俗化的价值都很虚无。"

他回想自己这么多年来，不停地拼命往前冲，表面上看起来好像很得意，但是与家人的关系却很疏离。他观察很多男人，就像他一样，尽管在外面展现自己的"能量"，回到家里，却是生活的低能儿。"难道，一旦失去了外在的光环，我的能量就不能运转了吗？"他曾反复自问。

后来，翟强得到一个结论：男人把很多"小事"丢给女人做，自认为在外面做的都是"大事"，用外在的东西来彰显自己，其实，充其量只不过是一种"经济动物"而已。

"家里也是男人展现能量的好场所，当你按下洗衣机开关的时候，你就是武士。"一年多的"奶爸"生涯，翟强已经满肚子"育儿经"，有如育儿专家一样。过去他从来不碰的家务，现在则是个中高手。更重要的，他察觉自己和家人的关系愈来愈紧密，内在更加丰富。

"我常常问自己，走到这一步，我的人生价值什么才是最可贵的？答案是：回归家庭。"翟强说，有朝一日他或许会"重出江湖"，如果真有那么一天，他再也不是个好勇斗狠的武士，而是做一个"内外兼修"的男人！

男人想当"武士"并没有不对，这个世界本来就需要强者。不过，这不表示其他的东西都没有意义。一个真正的"武士"，即使处理日常琐事，同样也甘之如饴。这就如同武功高强的高手，每天还是要从挑水、砍柴的粗活做起，他们深知，这才是练功的根本。

多一物多一心，少一物少一念

五色令人目盲；五音令人耳聋；五味令人口爽；驰骋畋猎，令人心发狂；难得之货，令人行妨。是以圣人为腹不为目，故去彼取此。

——老子

　　五光十色的视觉感受，会让人眼花缭乱产生错觉；杂乱的靡靡之音听多了，听力会变得迟钝；丰美的饮食，使人味觉迟钝；纵情围猎，使人内心疯狂；珍稀的器物，使人行为失常。因此，有道的人只求安饱而不追逐声色之娱，所以摒弃物欲的诱惑而吸收有利于身心自由的东西。

　　老子的意思是说，如果一个人过分追求感官刺激，则会伤其身、乱其心。

　　一个人一旦被欲望缠上了身，他就难以得到安宁，时刻仿佛有大患在身，无论得宠还是受辱，在心理上都时时会处于惊恐之中。

　　人生历世，多一物多一心，少一物少一念，不要为外物所拘，心安理得处，就可明心见性。

　　有个商人娶了四个老婆：第一个老婆伶俐可爱，像影子一样陪在他身边；第二个老婆是他抢来的，美丽而让人羡慕；第三个老婆，为他打理日常琐事，不让他为生活操心；第四个老婆，整天都在忙，但他不知道她忙什么。

　　商人要出远门，因旅途辛苦，他问哪一个老婆愿意陪伴自己。

　　第一个老婆说："我不陪你，你自己去吧！"

　　第二个老婆说："是你把我抢来的，我也不去！"

　　第三个老婆说："我无法忍受风餐露宿之苦，我最多送你到城郊！"

　　第四个老婆说："无论你到了哪里我都会跟着你，因为你是我的主人。"

　　商人听了四个老婆的话颇有感慨："关键时刻还是第四个老婆好！"于是，他就带着第四个老婆开始了他的长途跋涉。

　　其实，这里所说的这四个老婆就是我们自己！

第一个老婆指的是肉体，人死后肉体要与自己分开的；

第二个老婆是指金钱，许多人为了金钱辛劳一辈子，死后却分文不带，无非是水中捞月；

第三个老婆是指自己的妻子，生前相依为命，死后还是要分开；

第四个老婆是指个人的天性，你可以不在乎它，但它会永远在乎你，无论你是贫还是富，它永远不会背叛你。

如果有一个地方，能让我们心安，能让我们抛却浮躁，那不正是我们理想的栖息地吗？我们又何必刻意地去寻找呢？一片生机盎然的花圃，一座巍巍葱茏的大山，一场密密匝匝的雪花，一本泛着墨香的书卷，都可以成为我们自由的栖息地，都可以容纳我们放逐的心灵和漂泊的意志。

要想自由地栖居，耐得住寂寞，必须放得下繁华。如果心恋浮华，不舍喧嚣，是不会得到心灵的安顿的。这就好比一个人，终日汲汲于富贵，切切于名禄，桎梏于外物，他又怎么可能出离尘世而追寻幽独？又好比是一匹马，如果被拴上了车套，它只有一味地卖力奔驰，哪还会有机会停下来思索自己的生命呢？

要有自己自由的栖息地，就不要受拘于外物。因为外物总是短暂而容易腐朽的，只有生命的灵魂才是永恒。我们又怎能让短暂的腐朽来妨害对于永恒的生命的思索呢？

不拘于物是一门哲学，需要有大智慧，需要懂得放下。智慧会让我们生活得快乐充实；放下会让我们生活得轻松无羁。不要顾忌舍弃而拒绝简单的生活，那样的话，你将不堪重负，顾虑重重，心力交瘁，六神无主……

有的人对生命有太多的苛求，弄得自己生活在筋疲力尽之中，从没体味过幸福和欣慰的滋味，生命也因此局促匆忙，忧虑和恐惧时常伴随，一辈子实在是糟糕至极。须知月圆月亏皆有定数，岂是人力所能改变的？不如放下，给生命一份从容，给自己一片坦然。你要知道，错过了太阳，不是还有浩瀚的繁星在等待你吗？

人生一世，是不可能一帆风顺的。只有不拘外物，才会另有收获。人生一切痛苦的根源，就是对于外物的追求和执着。超越外物，就是超越自我。无物也就是无我，自己的心境也就不会随着外物的变化迁移而波动。正所谓"是进亦忧，退亦忧"，不假于物，才能造就真实的自我。

第五章
过于执着的人活得很累

正确认识理想与现实的差距

张萍今年 34 岁，专科毕业后，在一家建筑设计院做资料员。院领导多次找她谈话，暗示她这只是暂时的，希望她不要有压力，要多钻研业务，院里缺的是设计精英，根本不缺资料员，只要她能表现出自己的实力，一有机会就马上将她调出资料室。

可是张萍不这么看，她觉得自己之所以受到"冷遇"，其实是别人觉得她文凭太低，于是她从当资料员那天起，就厌烦这个工作，因为这离她的理想太远。她想做设计工程师，可是她设计的几个工程，无一例外地都被毙了。她很虚荣，总想在设计院出人头地，看走业务这条路不行，她就想在学历上高人一头，于是一心想考研究生，甚至还规划好了硕士研究生读完再读博士。

可是现实与理想之间毕竟是有着很大差距的，由于底子太差，张萍连续考了三年都没有考上研究生。但是她权衡来权衡去，觉得还是应该先把硕士学位拿下来再搞业务比较好。她觉得，反正自己已经是设计院的人了，搞专业什么时候都可以，就算再来新人也得在她后面吧，否则自己的专科文凭将使自己在设计院抬不起头来。

终于有一天，院长非常客气地找她谈话，委婉地表示：设计院虽然有很多人，但每个人在各自领域中都必须具有自己的贡献和不可替代性，可是她却一点也没有，没有哪个单位能够容忍一个出工不出力的员工，所以她从现在起待岗了。

在今天竞争激烈的职场上，张萍为自己不切实际的"志向"付出了巨大的代价，她曾是那样的喜欢设计院，喜欢这个职业，别人也给了她这个机会。但不幸的是，她没有把它做好。她的失误就在于她没有及时放弃自己所谓的"志向"，而是不识时务地"一条道走到黑"。

自古以来，我们就提倡做任何事情都必须有坚毅的品格和坚强的意志，应该具有锲而不舍的精神，即使撞到南墙也不要回头。但是，我们在具体工作中还是应当进出有度，不拘一格，这样才会适合时宜，才符合社会和自然千变万化的意志，也只有如此才能够离成功越来越近。

去往罗马的路不止一条

日常生活中，我们总是喜欢朝着自己既定的目标奋力拼搏，但却不是每个人的愿望和理想都能实现。那些搏击一世却未获成功的人，会不会是因为他生命中真正精华的部分被自以为"不是最好的"，而从未得以展示呢？

赵明是华东师范大学的年轻教授。刚刚结婚，他妻子就患了类风湿性关节炎卧床不起。女儿出生后，妻子的病情更加重了。面对常年卧病在床的妻子、刚刚满月的女儿，事业上刚刚起步的赵明一筹莫展、心事重重。

一天，他看着怀中的女儿，突然想到，能不能把自己的研究方向定在儿童语言的研究上来？从此，妻子成了他最佳的合作伙伴，可爱的女儿成了最好的研究对象。家里处处都是纸片和铅笔，女儿一发音，他们立刻做下记载，同时每周一次用录音机记录下文字难以描述的声音。就是这样六年如一日，转眼到了女儿上学的时候，他和妻子开创了一项世界纪录：掌握了从出生到 6 岁之间儿童语言发展的规律，而国外此项研究记录最长的只到 3 岁。赵明接着把自己的研究成果编辑成书出版发行，在国内外的语言界引起了巨大的反响。赵明也因此成为儿童语言研究方面知名的专家。

确实，很多时候，埋没天才的不是别人，恰恰是自己。失之东隅，收之桑榆。条条大道通罗马。成功的路不止一条，不要循规蹈矩，更不要放弃成功的信心，既然此路不通，就不要非拴死在这一棵树上。换条路试试，也许成功就在不远处。

有一种鱼，长得很漂亮，银鳞燕尾大眼睛，平时生活在深海中，春夏之交溯流产卵，顺着海潮漂游到浅海。渔民捕捉它的方法挺简单：用一个孔目粗疏的竹帘，下端系上铁，放入水中，由两只小艇拖着，拦截鱼群。这种鱼的"个性"很强，不爱转弯，即使闯入罗网之中也不会停止。所以一只只"前赴后继"地陷入竹帘孔中，帘孔随之紧缩。竹帘缩得愈紧，它们愈愤怒，更加拼命往前冲，结果都被牢牢卡死，最终被渔民所捕获。

人类又何尝不是如此？我们总喜欢给自己加上负荷，轻易不肯放下，自诩为"执着"，我们执着于名与利，执着于一份痛苦的爱，执着于幻想的美梦，执着于空想的追求。数年光阴逝去之后，我们才枉自嗟叹于人生的无为与空虚。我们常常自我勉励："我想当科学家"，"我一定要得到诺贝尔文学奖"……可是很多时候，这些理想与追求反而成了我们的一种负担，好像冥冥之中有人举着鞭子驱逐着我们去追求一些我们可能永远也追求不上的东西。

在现实生活当中，我们常常因为不能放弃、不肯放手，而不得不面对许多无奈的痛苦，其实这些让我们身陷其中不可自拔的困境，貌似无法解脱，实际上在我们懂得了放弃的艺术之后，一切都会变得豁然开朗了。

执着也要有个限度

执着是寻求解脱的禁忌，古来如此。难怪六祖惠能的《坛经》上说——"善知识，内外不住，去来自由，能除执心，通达无碍，能修此行，与般若经本无差别。"

执着或许在某些时候能够产生积极的效应，然而在大多数情况下执着未必是件好事。唐代著名的高僧寒山禅师所做过的《蒸砂拟作饭》的诗偈，正含此意——

> 蒸砂拟作饭，临渴始掘井。
>
> 用力磨碌砖，那堪将作镜。
>
> 佛说元平等，总有真如性。
>
> 但自审思量，不用闲争竞。

寒山禅师的这首诗偈与"磨砖成镜"这一公案的禅理相同——

开元中，有沙门道一住传法院，常日坐禅，师知是法器，往问曰："大德坐禅图什么？"

一曰："图作佛。"

师乃取一砖于彼庵前石上磨。

一曰："师作什么？"

师曰："磨作镜。"

一曰："磨砖岂得成镜邪？"

师曰："坐禅岂得作佛邪？"

后人常以"磨砖成镜"，来比喻哪些执着于无望事情的愚蠢行为。在寒山禅师的这首偈中的前四句连用"蒸砂做饭"、"临渴掘井"两个禅宗话头和"磨砖成镜"这一著名的禅门公案，都指出参禅若寻不得正确途径，即便是有执着精神，也必然是南辕北辙、一事无成。

神赞和尚原来在福州大中寺学习，后来外出参访的时候遇见百丈禅师而开悟，随后又回到了原来的寺院。他的老师问："你出去这段时间，取得什么成就没有？"神赞说："没有。"还是照着以前的样子服侍师父，作些杂役。

有一次老师洗澡，神赞给他搓背的时候说："大好的一座佛殿，可惜其中的佛像不够神圣。"见到老师回头看他，神赞又说："虽然佛像不神圣，可是却能够放光！"

又有一天老师正在看佛经，有一只苍蝇一个劲儿地向纸窗上撞，试图从那里飞出去。神赞看到这一幕，禁不住做偈一首："空门不肯出，投窗也太痴，百年钻故纸，何日出头时？"

他的老师放下手中佛经问道："你外出参学期间到底遇到了什么高人，为什么你访学前后的见解差别如此之大？"神赞只好承认："承蒙百丈和尚指点有所领悟，现在我回来是要报答老师您的恩情。"

神赞见到老师为书籍文字所困，不好意思直接点明，只好借助苍蝇的困境来指出老师的不足。文字语言都是一时一地的工具，事过境迁再执着于文字，就如同那只迷惑的苍蝇一样总是碰壁了。

倘若一个人能够放下心中的那份执着，破除心里的固执念头，人生将会少许多烦恼、多些成功。相反，如果我们过于执着于那些本不该执着的事情，我们将会迷失更多的人生。

曾经有一对大学同学，他们彼此深恋着对方。后来因为一件看起来微不足道的小事闹翻了。毕业后，他们天各一方，各自走过了一条坎坷的人生旅途。他们的婚姻都不太美满，所以时时怀念年轻时的那段恋情。如今他们都老了，一个偶然的机会，他们又相聚了。

他问她："那天晚上我来敲你的门，你为什么不开门？"

她说："我在门后等你。"

"等我？等我干什么？"

"我要等你敲第 10 下才开门……可你只敲了 9 下就停下来了。"

这个女人为这事后悔不已。她后悔自己过于执拗，她完全可以在他敲第 9 下的时候将门打开，或者在他离去时把他叫回来，这样她已经很有面子了，为什么非要坚持等那第 10 下不可呢？

这段遗憾仅缘于女人过于执着那多出来的一次敲门而已。其实，人生有很多无谓的错过，有时是因为固执地坚持了不该坚持的。

人生苦短，韶华易逝。选定目标就要锲而不舍，以求"金石可镂"。但如果目标不合适，或客观条件不允许，与其蹉跎岁月，徒劳无功，还不如干脆放下。当你放下那些宏大而美丽的理想，选择伸手可及的目标时，或许局面会瞬间柳暗花明，实实在在地幸福正等在你的身旁。

人往高处走，水往低处流

吕尚是我国古代著名的谋略家、政治家和军事家，俗称姜子牙。姜子牙生活在商朝末年，当时纣王无道，荒淫无度，社会矛盾急剧激化。与此同时，商王朝的诸侯国周国迅速崛起，国君西伯昌（后为周文王）励精图治有取代殷商之势。姜子牙生逢乱世，虽有经天纬地之才，无奈报国无门，潦倒半生。他曾在商王宫中做过多年吏卒，虽然职低位卑，却处处留心。他看到纣王沉湎酒色，荒废国政，几次想冒死进谏。一则想救民于水火，二则可以因此受到纣王赏识，求得高官厚禄。然而姜子牙后来见到大臣比干等人皆因直谏而丧生，只好把话咽回肚中，他料定商朝气数将尽，纣王已不可救药，自己不愿糊里糊涂地替纣王殉葬。于是，他决定改换门庭。

当时，西伯昌立志复兴周国，除掉纣王，求贤若渴，正是用人之时。吕尚为了引起西伯昌的注意，便在渭水之滨的兹泉垂钩钓鱼。这个地方风景秀丽，人迹罕至，是个隐居的好地方。姜子牙并非要老死林下，而是在此静观世变，待机而行。

这一天，吕尚听说西伯昌要来附近行围打猎，便假装在兹泉垂钓。这时候，姜子牙还是个无名之辈，西伯昌当然不会认得他，但姜子牙却在朝歌见过西伯昌。为了引起西伯昌的注意，姜子牙故意把鱼钩提离水面三尺以上，钩上也不放鱼饵。果然，西伯昌觉得奇怪，便走上前问道："别人垂钓均以诱饵，钩系水中，先生这般钓法，能使鱼上钩吗？"

姜子牙见西伯昌对人态度谦和，果然是个非凡人物，便进一步试探道："休道钩离奇，自有负命者。世人皆知纣王无道，可是西伯长子就甘愿上钩。纣王自以为智足以拒谏，言足以饰非，却放跑了有取而代之心的西伯昌。"

西伯昌闻言，大吃一惊。心想：这位老人身居深山，何以能知天下大事？更为不解的是，他怎能把我西伯昌的心迹看得这么透彻？定然不是凡人！连忙躬身施礼，说道："愿闻贤士大名？"

"在下并非贤士，老朽吕尚是也。"

"刚才偶听先生所言，真知灼见，字字珠玑，不瞒先生，在下就是你说到的西伯昌。"

姜子牙装出吃惊的样子，惶恐地说："老朽不知，痴言妄语，请您恕罪。"

西伯昌连忙诚恳地说道："先生何出此言！今纣王无道，天下纷乱，如先生不弃，请您随我出山，兴周灭商，拯救黎民百姓。"

姜子牙假意客套了一番，随即同西伯昌一起乘车回宫，一路上纵论天下大势，口若悬河。西伯昌更是与之相见恨晚，回宫之后，立即拜吕尚为太师，倚为心腹。从此以后，姜子牙官运亨通，飞黄腾达。

俗话说，姜太公钓鱼，愿者上钩。作为一个老谋深算的政治家，吕尚略施小计便攀上了西伯昌这棵大树，弃暗投明，跳槽做了周国的太师。倘若他抱定忠臣不事二主的陈腐观念，恐怕到老到死也不过是纣王宫中的一名小吏，永无出头之日。

识时务者为俊杰

三国时，曹操历经艰险，在平定了青州黄巾军后，实力增加，声势大振，有了一块稳定的根据地，于是他派人去接自己的父亲曹嵩。曹嵩带着一家老小 40 余人途经徐州时，徐州太守陶谦出于一片好心，同时也想借此机会结纳曹操，便亲自出境迎接曹嵩一家，并大设宴席热情招待，连续两日。一般来说，事情办到这种地步就比较到位了，但陶谦还嫌不够，他还要派兵 500 护送曹嵩一家。这样一来，好心却办了坏事。护送的这批人原本是黄巾余党，他们只是勉强归顺了陶谦，而陶谦并未给他们任何好处。如今他们看见曹家装载财宝的车辆无数，便起了歹心，半夜杀了曹嵩一家，抢光了所有财产跑掉了。曹操听说之后，咬牙切齿道："陶谦放纵士兵杀死我父亲，此仇不共戴天！我要尽起大军，洗劫徐州。"

将曹操的遭遇与刘备的情况进行比较，不难看出，刘备仅死了一个义弟关羽，曹操却死了一家老小40余人，曹操的恨应该更大更强烈。然而，当曹操率军攻打徐州报仇雪恨之时，情况发生了变化，吕布率兵攻破了兖州，占领了濮阳。怎么办？这边大仇未报，那边情况又发生了变化。如果曹操被复仇的心态所左右，那么，他一定看不出事情的发展趋势，也察觉不出情况的危急，就如同刘备伐吴一样。但曹操毕竟是曹操，他是一个十分冷静沉着的人，也是一个非常会控制自己心态的人。正因如此，他立刻便分析出了情况的严重性，他说："兖州失去了，这就等于让我们没有了归路，不可不早做打算。"于是，曹操便放弃了复仇的计划，拔寨退兵，去收复兖州了。曹操的这个决定正确吗？当然正确。因为，这个决定没有受他复仇心态的任何影响，完全建立在他自己冷静的心态之上。因此，曹操才能够摆脱这次危机，保住了自己的地盘和势力。

事情是复杂多变的，感情常常左右人们的理智，使人们对复杂多变的形势做出错误的分析和判断。因此，一个被感情左右的人一定是一个不成熟的人，所以在做选择时，要理智分析。正所谓："识时务者为俊杰。"

不要跟现实过不去

1965 年，45 岁的作家马里奥·普佐完成了他的第二部小说。

作为一个追求纯粹文学艺术的作家，他看起来还算顺利，作品受到了一些好评。如果照此写下去，他可能会渐渐地成为一个比较有影响力的纯文学作家。但此时，普佐已经债务缠身，连最基本的生活都有困难。于是，他调转航向，放弃了创作的初衷，改写通俗类小说。三年后，《教父》一书出版，创造了当时的销售纪录。

1970 年，30 岁的艺术影片导演弗朗西斯·科波拉，遇到了与普佐非常相似的窘境。

他执导的几部艺术类影片票房几乎颗粒无收，他甚至不知道自己究竟欠了哪些人多少债务。在走投无路之际，派拉蒙公司派人与他商谈改编拍摄《教父》一事。这位追求艺术的导演匆匆地看了几页原作，就觉得大倒胃口。但胃终究还是需要粮食的，为了生存，科波拉也选择了另一条路径。不久，电影《教父》问世，影片所取得的成功可以说是电影史上的一个奇迹。

两个原本追求纯粹艺术的人，面对现实却创作出真正的经典作品。这样的结果，肯定大大出乎他们的意料。

是不是只有面对现实，才能获得真正的成功呢？这倒不一定。任何艺术尤其是高雅艺术总是要与现实保持相当的距离，普佐和科波拉获得意外的成功，并不仅仅是因为"媚"了"俗"，更重要的是，他们先前在追求艺术过程中所积累的"雅"的底蕴。

第六章
"面子"是自在人生的最大负累

找到那个自然状态的自己

我们时常感叹自己活得太累，这并不是因为我们在忙些什么，而是因为我们在以两种面孔活着。当我们戴上一幅假面时，势必要将真实的表情和心态压抑下去，渐渐地，我们不知不觉就分不清假面与真实，再也找不到那个自然状态的自己。

有一位著名的精神病专家曾经说过，人们都是戴着假面度过一生。那假面，不但希望别人喜欢看，自己看了也很得意。

为什么我们不愿以本来面目相对，而非要以假面示人呢？因为我们觉得自己卑微、弱小，所以用假面来伪装自己。但是，假面固然可以让人自觉魁伟高大，但同时也会让我们压力重重、不堪重负。

一个早上，玛丽正在厨房洗碗，她四岁的儿子小汤姆在客厅的沙发上玩耍。突然，玛丽听到汤姆的啼哭声，她慌慌张张地冲进了客厅。原来小汤姆把手插进了茶几上的花瓶里，花瓶是上窄下阔的造型，所以他的手伸进去却拿不出来了。

玛丽想尽办法也不能把孩子的小手拿出来，她稍微用力一点，小汤姆就痛得哇哇大哭，无计可施之下，玛丽只好将这个昂贵的花瓶打破，让孩子的手可以解脱出来。花瓶打破了，小汤姆的手没有受到任何损伤，但是小手还像抽筋似的紧握着拳头。当玛丽哄着他把紧握的小手张开，才发现他的手心里紧紧握着一个硬币。原来，小汤姆的手被卡在花瓶里拿不出来，不是因为花瓶的口太窄了，而是因为他舍不得那枚硬币，不肯打开拳头。

我们是不是也常和小汤姆一样犯同样错误？为了一枚小小的硬币，我们犹豫着不肯张开拳头，只管让假面将自己捂得气也喘不过来，不惜代价，粉碎一切，只为守住这枚硬币。然而，我们都不知道，自己正在为自己设下藩篱，却还要抱怨生活是如此的乏味、苦难。

托尼是美国知名的作家与作词家，曾写过不下400首脍炙人口的流行歌曲，并且还得过全美舞台剧作奖。当他30岁的时候就已经享有诸多盛名，当时他在某著名唱片公司担任助理，身处五光十色的娱乐圈，可谓备受瞩目。但是在托尼身上却嗅不到一丝嚣张与狂傲。

在托尼进入唱片公司的第三年，正是事业如日中天的时候，他突然向老板提出辞职。老板十分诧异地问他："不是做得好好的吗？况且，你还这么年轻，前途不可限量啊！"

托尼说："我知道现在选择辞职，可能会让大多数人都觉得我太不安分了。但是坦白讲，我不觉得自己一定要按照现在的发展模式去生活，我不是唱高调，只是我不想用这样的方式去看待生活。娱乐圈外表光鲜亮丽，内在却极度空虚堕落，每一天都在向外界展示一个伪装后的自己。

这种隐藏在假面具后的生活实在是太累了。"

老板想了想，说："那你想做什么？"

托尼说："我想做能让自己快乐的事，好好体会生活的五光十色。"

老板说："那你为什么不等年纪大了，有了钱有了时间再去做这些事？"

托尼笑了笑，说："你不觉得用年纪去计算什么该做，什么不该做，是很可笑的吗？因为生命无常，你根本不知道明天会发生什么。况且，等我们真的老了，有了钱有了时间，可是同时也已经戴了太久的假面具，还会知道真正的自己想要什么吗？"

老板沉默良久，叹了口气，道："我同意你的辞职，并且祝愿你能找到自己想要的生活。可是，我仍然认为你应该留下来帮我发展事业，等以后年纪大了再去享受生活。"

托尼微微一笑，郑重地伸出手来和老板用力一握。

面对着镜子，问自己十遍："你快乐吗？"恐怕绝大多数的人的答案都是否定的。然而，为什么不快乐？我们却不知道答案。

如果能知道，只要摘下假面，勇敢地面对真实的自己，了解自己真正想要什么，就能够获得快乐，那你会有勇气像托尼一样选择走自己的路吗？你会不会仍然舍不得放弃已经拥有的，不管对于你的人生来说是否只是一枚硬币，都还要顺从过去生活的惯性，固守着现有的生活轨迹，继续把时间和精力耗费在无谓的纷争和烦恼之中？

不要被生活所欺骗

生活有时候就像一个演技超凡的骗子，它总是表演给你看人生不如意的一面，如果你相信了，就会永远也看不见它背后的幸福。

我们常常被生活这样欺骗着，总是满怀忧虑地看待一切，似乎四周都是挫折和烦恼的墙壁，它们好像有千仞之高，不可能逾越。因为无法放得开，我们甚至不知道这样的生活是否合适自己，就茫茫然然地度过了一生。

我们忘记了一件事：要活在当下。

在一个非常炎热的中午，佛陀经过一座森林时，忽然觉得很口渴。于是，他对随侍在一旁的阿难说："还记得我们不久前经过的那条小溪吗？你回那儿帮我取一些水来。"

阿难走回到小溪旁边，因为刚刚有马车走过，溪水被弄得非常污浊。阿难心想："这水太脏了，不能喝了。"

他回到森林，告诉了佛陀这个情况，说："那条小溪已经变得很脏了，请您允许我继续走，我知道就在前面不远处，还有一条河，那里的水非常洁净。"

然而，佛陀却摇摇头，坚定地要求他："不，阿难，你得再去刚刚那条小溪取水回来。"

阿难面有难色地应了一声："是。"然后，满怀担忧地再次回头到小溪边去取水，他很犯愁，那样脏的水怎么能给佛陀饮用呢？他想，明明水已经脏了，为什么世尊还要让我去取水呢？越想越不得其解，于是阿难又折回到佛陀面前追问原因，佛陀没有解释，只坚持地说："你去吧！"

阿难只好遵从，当他再次来到溪水边时，眼前的变化令他大吃一惊，因为溪水居然又变回他们初见时的清澈、纯净，黄浊的泥沙已经全部流走了。

于是，阿难开心地取了洁净的溪水回来，跪拜在佛陀脚下，说："谢谢您又为我上了一堂课，原来世间没有什么东西是恒久不变的。"

作家希·切威廉斯曾说："人生是一次航行，航行中必然遇到从各个方面袭来的劲风，然而，每一阵风都会加快你的航速。"

人生总是有起有落，有顺境也有逆境，正如同我们不可能跨过同一条河流两次，我们也不可能总是处于困境或逆境。如果我们只看见水中的泥沙，却不知道它还会变得清澈，那就不可能摆脱忧虑，更不可能喝到变得洁净的水了。

在第二次世界大战期间，一位来自美国马里兰州马尔的摩市的青年泰德，正在欧洲服役，忧虑使他精神衰弱，得了一种医生称为"横结肠痉挛症"的病——这是一种会带来剧痛的病。他进入陆军诊疗站进行治疗，他告诉医生：

"我隶属步兵94师死亡登记处，我的工作是记录作战死亡、失踪及受伤的士兵名单，还要帮忙挖掘草地掩埋在战场上的盟国及敌国士兵的尸体。我收集这些士兵的遗物，送回给他们的亲属，因为他们已经失去了亲人，这些遗物显得格外珍贵。我总是担心出差错，造成尴尬。我觉得自己可能撑不下去了，我害怕再也没机会拥抱我那刚刚16个月大的儿子——我还从来没见过他，在他出生以前我就奉召入伍了。"

这时的泰德，由于心力交瘁，体重已连续下降了4磅。他老是精神恍惚，一想到可能不能活着回去，他就恐惧得精神崩溃，甚至只要一独处就忍不住哭泣。他简直完全放弃了再过正常生活的期望。

医生给他做完检查后，告诉他毛病出在心理。医生说："我要你把人生想成一个沙漏，上面虽然堆满成千上万的沙粒，但是它们只能一粒一粒平均而缓慢地通过瓶颈，你我都没有办法让一粒以上的沙粒同时通过瓶颈。每天我们都有一大堆该办的事，如果我们不能一件一件地有次序地处理，就像一次只让一粒沙通过瓶颈，那我们就有可能对自己的生理或心理系统造成伤害。更别提还要去担心明天的沙粒如何通过瓶颈了。"

这位医生的话给泰德很大的影响，他从忧虑中摆脱出来，一次只过一粒沙，一次只做一件事。这个理念不仅在战时拯救了他的身心，直到战后泰德成为公关广告部主任以后，仍在帮助着他。

泰德发现工作与战时的问题是相似的，工作繁重而时间不够用——存货不多了、有新的表格要填、要安排新的订货事宜、租用的仓库快到期了等等。为了避免紧张，不再为这些事而忧虑，泰德牢记军医的话：一次一粒沙，一次一件事。他因此更有效率地工作，而不至于再发生战时的那种惨状。

如果人们都能明白活在当下的意义，尽量为明天做周全的计划，但不为它而担忧，那么就会发现自己的生活原来可以如此潇洒。

潇洒的第一原则：将过去与未来关在门外，只活在今天。

活在今天不是让你不为明天做计划，而是如果你能将智慧、热忱积极地投入今天的工作中，就是在为明天做最佳的准备了。千万不要让忧虑毁了你的生活。

美国政治家史蒂文森说："如果只是一天，不论多难的工作，人都能努力完成。如果只是一天，任何人都能活得快乐、有耐心、仁慈与纯洁。其实这些也就是生命的真谛。"

利科克太太就是因为体会不到这点，陷入了绝望，几乎自杀。

那一年利科克先生去世了，利科克太太觉得生活里没有了希望，她没有钱来维系自己的生活，于是就重新回到从前工作过的公司去上班。那份工作是向学校董事会推销世界百科全书。

在利科克先生生病的时候，他们把车卖了，现在为了工作，利科克太太不得不东拼西凑地以分期付款方式买了一辆二手车。但是没想到工作丝毫不能减轻她的痛苦，一个人开车、一个人吃饭简直要了她的命，有些区域甚至一套书都卖不出去，她连小额的汽车分期付款都付不起了。

就这样，利科克太太完全陷入了绝望，一次她去密苏里州的一个小镇去推销百科全书。那里的路况很糟糕，而学校又没有经费来买书，利科克太太想以自杀了之。在她看来成功是遥不可及的，她找不到分期付款，担心付不起房租，担心养不活自己，担心万一生病了没钱看医生。唯一使她活下去的理由就是：如果她死了，姐姐会很伤心，而且她甚至没有钱付自己的安葬费。

直到有一天，一篇文章把利科克太太从消沉的深渊中拉了出来，给了她活下去的勇气。她把文中的一句发人深省的话打了出来，贴在车窗上，让自己开车的每一分钟都能看到它。那句话是："智者视每日为新生。"

她发现一次只活一天，就不会那么困难。她学着忘记昨日，也不去想明白，每天早晚告诉自己："今天是全新的生命。"渐渐地，她克服了孤独与空虚的恐惧，开始重新拥有对生命的热忱和信心，生活也变得丰富和快乐起来。

法国哲学家蒙田曾说："我人生绝大部分的忧虑，其实从未真正发生。"相信仔细想一下，大多数人都会有同感。

今天一去不复返，今天是我们最珍贵的东西，也是唯一可以确定此刻能拥有的。珍惜今天，今天就是生命，今天就是生活，它蕴含着一切真实。昨天已经过去，明天还未到来，它们都如梦幻泡影一样无法触摸，只有活在今天，才能体会到生活的真谛。

保持本色，不为迎合别人而改变自己

老张一心一意想升官发财，可是从青春年少熬到斑斑白发，却还只是个小公务员。他为此极不快乐，每次想起来就掉泪。有一天下班了，他心情不好没有着急回家，想想自己毫无成就的一生，越发伤心，竟然在办公室里号啕大哭起来。

这让同样没有下班回家的一位同事小李慌了手脚，小李大学毕业，刚刚调到这里工作，人很热心。他见老张伤心的样子，觉得很奇怪，便问他到底为什么难过。

老张说："我怎么不难过？年轻的时候，我的上司爱好文学，我便学着做诗、写文章，想不到刚觉得有点小成绩了，却又换了一位爱好科学的上司。我赶紧又改学数学、研究物理，不料上司嫌我学历太浅，不够老成，还是不重用我。后来换了现在这位上司，我自认文武兼备，人也老成了，谁知上司又喜欢青年才俊，我……我眼看年龄渐高，就要退休了，一事无成，怎么不难过？"

可见，没有自我的生活是苦不堪言的，没有自我的人生是索然无味的，丧失自我是悲哀的。要想拥有美好的生活，自己必须自强自立，拥有良好的生存能力。没有生存能力又缺乏自信的人，肯定没有自我。一个人若失去自我，就没有做人的尊严，就不能获得别人的尊重。

老张的做法不禁让我们想起了一个笑话：一个小贩弄了一大筐新鲜的葡萄在路边叫卖。他喊道："甜葡萄，葡萄不甜不要钱！"可是有一个孕妇刚好要买酸葡萄，结果这个买主就走掉了。小贩一想，忙改口喊道："卖酸葡萄，葡萄不酸不要钱！"可是任凭喊破嗓子，从他身边走过的情侣、学生、老人都不买他的葡萄，还说这人是不是来搞笑的，酸葡萄卖给谁吃啊！再后来，卖葡萄的就开始喊了："卖葡萄来，不酸不甜的葡萄！"

可见，活着应该是为了充实自己，而不是为了迎合别人的旨意。没有自我的人，总是考虑别人的看法，这是在为别人而活着，所以活得很累。就像上面故事中的老张，为了自己能够升官发财，不得不去迎合自己的领导，可是这恰恰使他失去了自己最宝贵的东西——真我本色。而在他不断地根据不同领导的口味调整自己做人与做事的"策略"的时候，时间飞快地流逝，同时他也真正失去了"升官发财"的机会，落得一事无成。

有一个人带了一些鸡蛋上市场贩卖，他在一张纸上写着：新鲜鸡蛋在此销售。

有一个人过来对他说："老兄，何必加'新鲜'两个字，难道你的鸡蛋不新鲜吗？"他想一想有道理，就把"新鲜"两个字涂掉了。

不久又有人对他说："为什么要加'在此'呢？你不在这里卖，还会去哪里卖？"他也觉得有道理，于是又把"在此"涂掉了。

一会儿，一个老太太过来对他说："'销售'二字是多余的，不是卖蛋难道会是白送的吗？"他又把"销售"涂掉了。

这时来了一人，对他说："你真是多此一举，大家一看就知道是鸡蛋，何必写上'鸡蛋'两个字呢？"

结果，他把所有的字都涂掉了。

你不必去考虑那个卖蛋人写的字是否合理，但你要记住，任何时候做任何事情，都先要清楚地知道自己在做什么，他人的意见只能成为参考，而不能一味地为了迎合别人改变自己的观点。

不要拿"他人"的标准来衡量自己

传说有一只兔子长了三只耳朵，因而在同伴中备受嘲讽戏弄，大家都说它是怪物，不肯跟它玩。为此，三耳兔很悲伤，经常暗自哭泣。

有一天，它终于把那一只多出来的耳朵忍痛割掉了，于是，它就和大家一模一样，再也不遭受排挤，它感到快乐极了。时隔不久，它因为游玩而进了另一座森林。天啊！那边的兔子竟然全部都是三只耳朵，跟它以前一样！但由于它已少了一只耳朵，所以，这座森林里的兔子们也嫌弃它，不理它，它只好快快地离开了。

这个寓言提醒人们，每个人都有各自的特点，也有各自的长处，不要拿别人的标准来衡量自己。

有自卑感的人，为了要取得优越地位所做的努力，往往会使错误更加严重。因为，他在做自己不擅长的事，他在做自己不喜欢的事，他完全失去了自我。这会为他招来更多的困扰，使他受到更多的挫折，一切都会变得不顺利，愈努力愈糟糕。

伊笛丝·阿雷德太太从小就特别敏感而腼腆，她的身体一直太胖，而她的一张脸使她看起来比实际还胖得多。伊笛丝有一个很古板的母亲，她认为把衣服弄得漂亮是一件很愚蠢的事情。她总是对伊笛丝说："宽衣好穿，窄衣易破。"而母亲总照这句话来帮伊笛丝穿衣服。所以，伊笛丝从小就习惯于把自己包裹在肥大的衣服里，也越来越觉得自己肥胖丑陋。她变得非常自卑。伊笛丝从来不和其他的孩子一起做室外活动，甚至不上体育课。她非常害羞，觉得自己和其他的人都"不一样"，完全不讨人喜欢。

长大之后，伊笛丝嫁给一个比她大好几岁的男人，可是她并没有改变。她丈夫一家人都很好。伊笛丝尽最大的努力要像他们一样，可是她做不到。他们为了使伊笛丝开朗而做的每一件事情，都只是令她更退缩到她的壳里去。伊笛丝变得紧张不安，躲开了所有的朋友，情形坏到甚至怕听到门铃响。伊笛丝知道自己是一个失败者，又怕她的丈夫会发现这一点，所以每次他们出现在公共场合的时候，她都假装很开心，结果常常做得太过分。事后，伊笛丝会为此难过好几天。最后不开心到使她觉得再活下去也没有什么道理了，伊笛丝开始想自杀。

后来，是什么改变了这个不快乐的女人的生活呢？只是一句随口说出的话。

有一天，她的婆婆正在谈怎么教养她的几个孩子，她说："不管事情怎么样，我总会要求他们保持本色。"

"保持本色！"就是这句话！在那一刹那，伊笛丝才发现自己之所以那么苦恼，就是因为她一直在试着让自己适应一个并不适合自己的模式。

伊笛丝后来回忆道："在一夜之间我整个改变了。我开始保持本色。我试着研究我自己的个性、自己的优点，尽我所能去学色彩和服饰知识，尽量以适合我的方式去穿衣服，主动地去交朋友。我参加了一个社团组织——起先是一个很小的社团——他们让我参加活动，把我吓坏了。可是我每发过一次言，就增加了一点勇气。今天我所有的快乐，是我从来没有想过可能得到的。在教养我自己的孩子时，我也总是把我从痛苦的经验中所学到的结果教给他们：'不管事情怎么样，总要保持本色。'"

所以，不要拿"他人"的标准来衡量自己，因为你不是"他人"，也永远无法用他人的标准来衡量自己；同样地，他人也不该以你的标准来衡量自己。只要你了解了这个简单、明显的真理，接受它，相信它，你的自卑感就会消失得无影无踪。

每个人都是不同的，这注定每个人的人生都将千差万别。而有些人总是喜欢拿自己的缺点和别人的优点相比，这就是自卑的原因。接着，自卑又强烈地刺激了一个人的自尊心，也就是我们所说的"自尊心太强"，其实，这也是虚荣心的表现。虚荣心强的人，过于自尊却缺乏自信，容易产生一种嫉妒心理，不能容忍别人超过自己。这既是一种不良情绪，又是一种错误行为，轻则危害身体健康，重则导致人生的失败。

掩饰错误不如承认错误

格里·克洛纳里斯在北卡罗来纳州夏洛特当货物经纪人。在他给西尔公司做采购员时，发现自己犯下了一个很大的业务上的错误。有一条对零售采购商至关重要的规则，是不可以超支你账户上的存款数额。如果你的账户上不再有钱，你就不能购进新的商品，直到你重新把账户填满，而这通常要等到下一个采购季节。

那次正常的采购完毕之后，一位日本商贩向格里展示了一款极其漂亮的新式手提包。可这时格里的账户已经告急。他知道他应该在早些时候就备下一笔应急款，好抓住这种叫人始料未及的机会。

此时他知道自己只有两种选择：要么放弃这笔交易，而这笔交易对西尔公司来说肯定会有利可图；要么向公司主管主动承认自己所犯的错误，并请求追加拨款。正当格里坐在办公室里苦思冥想时，公司主管碰巧顺路来访。格里当即对他说："我遇到麻烦了，我犯了个大错。"他接着解释了所发生的一切。

尽管公司主管平时是个非常严厉苛刻的人，但他深为格里的坦诚所感动，很快设法给格里拨来了所需款项。手提包一上市，果然深受顾客欢迎，卖得十分火爆。而格里也从超支账户存款一事中汲取了教训。

这个故事告诉我们，当不小心犯了某种大的错误时，最好的办法是坦率地承认和检讨，并尽可能快地对事情进行补救。只要处理得当，你依然可以赢得别人的信赖。

喜欢听赞美是每个人的天性。忠言逆耳，当有人尤其是和自己平起平坐的同事对着自己狠狠数落一番时，不管那些批评如何正确，大多数人都会感到不舒服，有些人更会拂袖而去，连表面的礼貌也不会做，令提意见的人尴尬万分。这样的结果就是，下一次如果你犯再大的错误，也没有人敢劝告你了，这不仅会让你在错误的路上越滑越远，更是你做人的一大损失。当我们错了，就要迅速而真诚地承认。

如果你在工作上出错，就应该立即向领导汇报自己的失误，这样当然有可能会被大骂一顿，可是上司的心中却会认为你是一个诚实的人，将来也许对你更加器重，你所得到的，可能比你失去的还多。

事实上，一个有勇气承认自己错误的人，他不但可以获得某种程度的满足感，还可以消除罪恶感，有助于弥补这项错误所造成的后果。卡耐基告诉我们，傻瓜也会为自己的错误辩护，但能承认自己错误的人，就会获得他人的尊重，而且令人有一种高贵诚信的感觉。

承认错误是一种人生智慧，只有人们对错误采取认真分析的态度，才能反败为胜。现实中，许多人为了面子死不认错，硬认死理，只会让自己一错再错，损失更大的"面子"。

由此，一个人要想有面子，就要不怕丢面子。孔子说："过而不改，是谓过矣。"意思是说，犯了一回错不算什么，错了不知悔改，才是真的错了。

闻过则喜、知过能改，是一种积极向上、积极进取的人生态度。只有当你真正认识到它的积极作用的时候，才可能身体力行去聆听别人的善意劝解，才可能真正改正自己的缺点和错误，而不致为了一点面子去忌恨和打击指出自己过错的人。闻过易，闻过则喜不易，能够做到闻过则喜的人，是最能够得到他人帮助和指导的人，当然也是最易成功的人。

在我们犯了错误的时候，总是想得到别人的宽恕，而不是斥责。其实，宽恕是对我们的纵容，别人宽恕了我们第一次，我们可能会犯第二次、第三次。我们要学会在犯了错误的时候，坦率地承认，并担负我们该负的责任，而不是为了怕丢面子，百般辩解，文过饰非。12. 贪图虚名招灾祸

有这样一个寓言，值得我们深思：

在一个森林的草坪上，几只小鹿争论着彼此什么地方最足以炫耀。一只公鹿刻意地甩甩头，骄傲地说："美丽的鹿角最神气，最帅气。"

小鹿的头上除了有些鹿茸外，什么也没有，都不免自惭形秽，羡慕不已。

"难道我们一点优点也没有吗？"有只小鹿不服气地说。

"不错！"公鹿立刻顶回去，"尤其，你们的四肢又细又瘦，难看死了。"

这时，狮子突然出现了。惊骇之余，大家四下拼命逃窜。摆脱了狮子的追逐之后，大家回头一看，却见公鹿狼狈不堪地在树丛中挣扎："救命啊，我的鹿角被树枝卡住了！"就在公鹿进退不得之际，狮子追

来了……

小鹿细瘦的四肢，虽然不起眼，但足可为逃生的工具；公鹿美丽的鹿角，虽然醒目，却是使它丧生的累赘。

虽然这只是一个寓言故事，但是生活中的很多人都像公鹿一样，热衷于虚名，却不知道虚名不过是徒有虚表，并不实用。

春秋时期，齐国有公孙无忌、田开疆、古冶子三名勇士，皆万人难敌，立下许多功劳。

但这三个勇士自恃功劳过人，非常傲慢狂妄，别说一般大臣，就是国君也敢顶撞。

当时晏婴在齐国为相，对这三位的举止言行很是担心。因为他们勇武过人，但没什么头脑，对国君也不够忠诚，万一受人利用教唆，必成大患。晏婴便与齐景公商议，要设计除掉这三人。一日鲁昭公来访，齐景公设宴招待，晏婴献上一盘新摘的鲜美的大桃子。

宴毕，还剩下两只桃子，齐景公决定将两只桃子赏给臣子，谁功劳大就给谁。当然，这就是晏婴的计谋。若论功劳，自然是三勇士最大，但桃子只有两个，怎么办？三人各摆功劳，互不相让，都要争这份荣誉，其中两人先动起手来，一人失手杀死另一人后，自觉对不住朋友，自杀而亡。剩下的一位想，当初三人为了争两只桃子，结果死去两个，也不愿独存，当场自杀。这样，齐景公就除掉了心头大患。这就是历史上有名的"二桃杀三士"的故事。

这个故事，也是一个贪虚名而得实祸的典型例证。如果他们相互谦让，不贪图身外的虚名，那么他们就不会丢掉性命，也不会成为千古笑柄。

虚荣心是人类最难克服的弱点之一。生活中，很多人都热衷于虚名，以为追求的是花冠，却不知是桎梏。王安石的《寄吴冲卿》诗中有一句"虚名终自误"，令人警醒。人追求荣誉，这无可厚非，但应该分清是什么样的荣誉：是名实相符，还是盛名之下其实难副的名誉。后者不仅徒累自身，还可能招致灾祸。

下篇 舍之境界

空杯心态让你海纳百川

得与失的道理许多人都懂，但为什么大多数人在平时的工作生活中，一旦遇到实际问题便又迷失了方向，"本性"尽显呢？说到底，关键在于你有一颗什么样的心。一个对所得到的一切、对周围的人和事心存感恩的人，一个虚怀若谷、大肚能容的人，一个凡事看得开、放得下的人，他会把"舍"当做一种必然，一种生活方式。这才是舍的最高境界，也是做人与成事的最高境界。

第七章
有一种心态叫放下

放下是一种快乐

　　《坛经》里说"若著相于外"的种种弊端，目的只有一个，那就是让人们懂得该"放下"、懂得"放手"。佛语中讲的"放下屠刀，立地成佛"中的"放"意为"放弃"，而"屠刀"则泛指恶念。不论是"放弃"与"放下"，都是让人们将某些该放下的事情要敢于放下、勇于放下。

　　从古到今，芸芸众生都是忙碌不已，为衣食、为名利、为自己、为子孙……哪里有人肯静下心来思考一下：忙来忙去为什么？多少人是直到生命的终点才明白，自己的生命浪费太多在无用的方面，而如今却已没有时间和精力去体会生命的真谛了。唐代的寒山禅师针对这一现象作过一首《人生不满百》的诗——

　　　　　　　人生不满百，常怀千岁忧。

　　　　　　　自身病始可，又为子孙愁。

　　　　　　　下视禾根土，上看桑树头。

秤锤落东海，到底始知休。

此诗可以这样解释："人生不满百，常怀千岁忧"，尽管人生非常短暂，但是人们却都抱着长远规划，全然忘记生命的脆弱；"自身病始可，又为子孙愁"，不仅应付自己的烦恼，还要为子孙后代的生活操劳；"下视禾根土，上看桑树头"，生命中劳劳碌碌都是为衣食生计奔波，哪里有时间停下来思考一下生命的意义；"秤锤落东海，到底始知休"，人生的轨迹就如同掉进水里的秤砣一样，直到生命的尽头才会停止。

寒山禅师以此诗提醒世人："即刻放下便放下，欲觅了时无了时。"能放下的事情不妨放下，若是等待完全清闲再来修行，恐怕是永远找不到这样的机会啦。

从前有个国王，放弃了王位出家修道。他在山中盖了一座茅草棚，天天在里面打坐冥想。有一天感到非常得意，哈哈大笑起来，感慨道："如今我真是快乐呀。"

旁边的修道人问他："你快乐吗？如今孤单地坐在山中修道，有什么快乐可言呢？"

国王说："从前我做国王的时候，整天处在忧患之中。担心邻国夺取我的王位，恐怕有人劫取我的财宝，担心群臣觊觎我的财富，还担心有人会谋反……现在我做了和尚，一无所有，也就没有算计我的人了，所以我的快乐不可言喻呀。"

人生往往如此：拥有的越多，烦恼也就越多。因为万事万物本来就随着因缘变化而变化，凡人却试图牢牢把握让它不变，于是烦恼无穷无尽。倒不如尽量放下，烦恼自然会渐渐减少。话虽如此，又有谁能放下呢？

许多人都有贪得无厌的毛病，正因为贪多，反而不容易得到。结果患得患失，徒增压力、痛苦、沮丧、不安，一无所获，真是越想越得不到。

有个孩子把手伸进瓶子里掏糖果。他想多拿一些，于是抓了一大把，结果手被瓶口卡住，怎么也拿不出来。他急得直哭。

佛陀对他说："看，你既不愿放下糖果，又不能把手拿出来，还是知足一点吧！少拿一些，这样拳头就小了，手就可以轻易地拿出来了。"

在生活中，要学会"得到"需要聪明的头脑，但要学会"放下"却需要勇气与智慧。普通的人只知道不断占有，却很少有人学会如何放下。于是占有金钱的为钱所累，得到感情的为情所累……佛家劝人们放下，不是要人们什么事情都不做，是说做过之后不要执着于事情的得失成败：钱是要赚的，但是赚了之后要用合适的途径把它花掉，而不是试图永远积攒；感情是应该付出的，不过不必强求付出的感情一定得到回报，更何况什么天长地久。如果我们学会了"放下"的智慧，那么不仅会利于周围的人，更是从根本上解脱了我们自己。

当佛陀在世的时候，有位婆罗门的贵族来看望他。婆罗门双手各拿一个花瓶，准备献给佛陀作礼物。

佛陀对婆罗门说："放下。"

婆罗门就放下左手的花瓶。

佛陀又说："放下。"

于是婆罗门又放下右手的花瓶。

然而，佛陀仍旧对他说："放下。"

婆罗门茫然不解："尊敬的佛陀，我已经两手空空，你还要我放下什么？"

佛陀说："你虽然放下了花瓶，但是你内心并没有彻底地放下执着。

只有当你放下对自我感观思虑的执着、放下对外在享受的执着，你才能够从生死的轮回之中解脱出来。"

在我们寻常人的眼里，世间的万物往往被认为是实有的，加之我们以固有的观念去看待世间的万物，因而在我们的主观的视角中便产生畸形的人生观，当做衡量世间一切事物的尺度，因而使我们深深地被是非、烦恼困扰住了。于是人生就平生起了许多的痛苦，而我们自身又无法摆脱这种痛苦的缠绕。

显然，我们要摆脱世间各种烦恼的缠缚，单纯地依靠世间的智慧，无疑是不可能实现的，有时我们还需要一种勇气、一种敢于"放下"的勇气。比方说我们对某些事"求不得"时，就会想尽一切办法去努力争取实现其目的，而当这一目的被实现之后，新的欲求又将会接着产生，由是转而产生新的烦恼，如此则永无了期。此时此刻，如果我们心中能够产生一种"放下"的勇气，这个烦恼也就有了期限。

懂得"放下"，是一味开心果、是一味解烦丹、是一道欢喜禅。只要我们能够适时地"放下"，何愁没有快乐的春莺在啼鸣？何愁没有快乐的泉溪在歌唱，何愁没有快乐的鲜花在绽放！

心中空明，人自明

从谂禅师曾经作过一首名为《渔鼓颂》的诗偈，其偈中暗藏了对虚空的认识——

> 四大由来造化功，有声全贵里头空。
>
> 莫嫌不与凡夫说，只为宫商调不同。

这首《渔鼓颂》是从谂禅师在回答众人提问后的即兴之作。偈中的"渔鼓"是鱼形木鼓，寺院用以击之以诵经的法器。他的这首偈可以这样理解：一切事物都是由地、水、火、风"四大"物质和合而成，"渔鼓"自然也不例外。只不过大自然对它情有独钟，"造化"更为精巧工致而已。"渔鼓"有声，妙在内无。这个道理凡夫俗子是不明白的，因为他们观察事物和认识人生的方法与禅者有所差异，有如音律中的宫商不尽相同一般。

从谂禅师借此偈喻指参禅悟道也应与渔鼓一样，全然在"空"字之中：心中空明，禅境顿生。

唐代太守李翱听说药山禅师的大名，就想见一见他的庐山真面目。李翱四处寻访、跋山涉水，终于在一棵松树下见到了药山禅师。

李翱恭恭敬敬地提出自己的问题，没想到药山禅师眼睛没有离开手中的经卷，对他总是不理不睬。一向位高权重的李翱怎么能够忍受这种怠慢？于是打算拂袖而去："见面不如闻名。"这时药山禅师不紧不慢地开口了："为什么你相信别人的传说而不相信自己的眼睛呢？"

李翱悚然回头，拜问："请问什么是最根本的道理？"

药山禅师指一指天，再指一指地，然后问李翱："明白了吗？"

李翱老实回答："不明白。"

药山提示他："云在青天水在瓶。"

李翱如今才明白，激动之下写道："证得身形似鹤形，千株松下两函经。我来问道无余话，云在青天水在瓶！"

药山禅师实际上是提示李翱，只要保持像白云一样自如自在的境界，何处不能自由，何处不是解脱？然而，在这个日益繁杂的社会中，大多数人都变得如同这个商人一般焦躁不安、迷失了快乐。唯一可以改变这种状态的办法便是保持内心的空明，于静处细心体味生活的点滴，让生活还原本色。

老街上有一铁匠铺，铺里住着一位老铁匠。由于没人再需要他打制的铁器，现在他以卖拴狗的链子为生。

他的经营方式非常古老，人坐在门内，货物摆在门外，不吆喝，不还价，晚上也不收摊。无论什么时候从这儿经过，人们都会看到他在竹椅上躺着，微闭着眼，手里是一只半导体，旁边有一把紫砂壶。

他的生意也没有好坏之说。每天的收入正够他喝茶和吃饭。他老了，已不再需要多余的东西，因此他非常满足。

一天，一个古董商人从老街上经过，偶然间看到老铁匠身旁的那把紫砂壶，因为那把壶古朴雅致，紫黑如墨，有清代制壶名家戴振公的风格。他走过去，顺手端起那把壶。

壶嘴内有一记印章，果然是戴振公的。商人惊喜不已，因为戴振公在世界上有捏泥成金的美名，据说他的作品现在仅存三件：一件在美国纽约州立博物馆；一件在台湾故宫博物院；还有一件在泰国某位华侨手里，是他 1995 年在伦敦拍卖市场上，以 60 万美元的拍卖价买下的。

古董商端着那把壶，想以 15 万元的价格买下它，当他说出这个数字时，老铁匠先是一惊后又拒绝了，因为这把壶是他爷爷留下的，他们祖孙三代打铁时都喝这把壶里的水。

　　虽没卖壶，但古董商来的那天，老铁匠有生以来第一次失眠了。这把壶他用了近 60 年，并且一直以为是把普普通通的壶，现在竟有人要以 15 万元的价钱买下它，他有点想不通。

　　过去他躺在椅子上喝水，都是闭着眼睛把壶放在小桌上，现在他总要坐起来再看一眼，这，让他非常不舒服。特别让他不能容忍的是，当人们知道他有一把价值连城的茶壶后，总是拥破门，有的问还有没有其他的宝贝，有的甚至开始向他借钱，更有甚者，晚上也推他的门。他的生活被彻底打乱了，他不知该怎样处置这把壶。当那位商人带着 30 万现金，第二次登门的时候，老铁匠再也坐不住了。他招来左右邻居，拿起一把锤头，当众把那把紫砂壶砸了个粉碎。现在，老铁匠还在卖拴小狗的链子，据说今年他已经 101 岁了。

　　老铁匠的内心随着茶壶的升值而波动不平起来了，生活中原本的宁静与安详被打破了，很显然这突如其来的"好运"并没有给老人带来快乐，相反，老人的内心却承受着煎熬。在沉思之后，老人最终悟得了"虚空"的禅机。也是在老人举起锤头的那一刹那，他找回了原本属于自己的那份安详与宁静。

　　不管你选择了什么为"道"，如果将其视为唯一重要之事而执着于此，就不是真正的"道"。唯有达到心中空无一物的境界，才是"悟道"。无论做什么，如果能以空明之心为之，一切都能轻而易举了。

随缘，让烦恼随风而逝

人活着，要做的事情很多，奢望每一件都能按自己的设想发展结局，那根本是不可能的！一切的羁恋苦求无非徒增烦恼。只有一切随缘，才能平息胸中的"风雨"。

真正的随缘，是平常胸怀，坦荡人生，得到了也不欢喜，失去了也不恼怒，能够悟得得失进退只不过是寻常人生中的小小插曲，终究会弃我们而去。我是谁，何须问。我不过沧海一粟，不过千山一石，尘埃般的微妙怎敢强求千仞崖顶的笑傲天下？与周围的人相比较，似乎我们还要进取，还要奋斗，还要竞争，但与宇宙相比较，我们算什么呢！

有一次，苏东坡和秦少游结伴一起外出。在饭馆吃饭的时候，一个全身爬满了虱子的乞丐上前来乞讨。

苏东坡看了看这名乞丐后，就对秦少游说道："这个人真脏啊，身上的污垢都生出虱子来了！"

秦少游则瞪了他一眼后，立即反驳道："你说的不对，虱子哪能是从污垢中生出来的，明明是从棉絮中生出的！"两人各执己见，争执不下，于是打赌，并决定请他们共同的朋友佛印禅师当评判，赌注是一桌上好的酒菜。

为了自己能赢，苏东坡和秦少游私下里分别到佛印那儿请他帮忙，佛印欣然允诺了他们。两人都认为自己稳操胜券，于是放心地等待评判日子的来临。

评判那天到了。只听佛印不紧不慢地说："虱子的头部是从污垢中生出来的，而脚部却是从棉絮中生出来的，所以你们两个都输了，你们应该请我吃酒。"听了佛印的话，两个人都哭笑不得，却又无话可说。

佛印接着说道："大多数人认为'我'是'我'，'物'是'物'，然而正是由于'我'和'物'是对立的，才产生出了种种的差别与矛盾。在我看来，'我'与'物'则是一体的，外界和内界是完全一样的，它们是完全可以调和的。这就好比是一棵树，同时接受空气、阳光和水分，才能得到圆融的统一。管它虱子是从棉絮还是污垢中长出来，只有把'我'与'物'之间的冲突消除了，才能见到圆满的实相。这就是所谓的'随缘'了。"

佛印化解苏东坡与秦少游的赌局，正是采用了"枯也好，荣亦好"的道理。

有人谈随缘，说是宿命论的说法。其实不然，随缘要比宿命论高深。宿命论不过是无奈于生命的抗争而作的不得已之论而已。随缘是一种人生态度，高超而豁然，不是很容易做到的。多么洒脱的胸怀，看彻眼前的浮云，把人生滋味咂透。没有一番体验，不经历一场劫难，怎么敢妄言一切随缘？妄言者，必无病呻吟，或附庸玄谈佛道而已，定遭人鄙笑。

一切随缘，简单地说，是一种心态，或是一种生活态度。它和积极的进取并不矛盾。相反地，它们是相辅相成，互为补充的。

苏东坡因"乌台诗案"谪居黄州，心中肯定老大失意。一次野游，途中遇雨，密雨如织，哗哗地落下来，片刻路上一片泥泞。苏子一行人等，浑身尽湿，如落汤之鸡。随行之人，怨声载道，大骂不已，心中颓然。而苏子却等闲视之，没有像人们想象的那样，感时伤神，大鸣不平，相反，诗兴陡起，吟词《定风波》一阕云：

莫听穿林打叶声，何妨吟啸且徐行。竹杖芒鞋轻胜马，谁怕？一蓑烟雨任平生。料峭春风吹酒醒，微冷，山头斜照却相迎。回首向来萧瑟处，归去，也无风雨也无晴。

有的人一生，汲汲于名利，终究逃脱不了名缰利锁的羁绊。其实，有什么用呢？苏轼大雨浇头终得妙悟。事物往往这样，你怎样看待，便是什么样子。你的心境是乐观的，纵使是再大的困厄，也便无惧；相反，如果你的心境是悲观的，纵使是处于大欢喜中，还是能瞧出愁郁来。

是啊，人生说长就长，说短就短，就像江水东流，一去不返；又像天上月，圆亏自有定数。人在年轻的时候，像一匹初生的野马，眼中没有困难，没有畏惧，只想一味地驰骋奔腾。因此，往往会书生意气，指点江山。长大时，便被套上枷锁，做事循规蹈矩，失掉了自由，再也没有初生的野气和不拘了。等到老了的时候，则骈死于槽枥之间，更不会谈什么有所作为了。

正如《大话西游》中紫霞仙子说的那样：我猜到了故事的开头，却没有猜到这结局。人活着，要做的事情很多。如果每一件都要按自己的设想发展结局，那又怎么可能呢？既然不可能，那执着必会生出烦恼，使得自己终生疲惫。

外在的风风雨雨，终有停止的一刻，但我们内在的风暴，又到何时才能归于平静呢？一切的羁恋苦求无非徒增烦恼。只有一切随缘，才能平息胸中的风雨。

人生的每一段缘起缘灭，无不留下欢喜和泪水、遗憾与伤痛。只有我们坦然面对，才可能抚平伤口。一切随缘，把命运的强制由无奈转而为淡然。缘来的时候，珍视但不躁喜；缘去的时候，坦然但不留恋。伤感是难免的，只是伤感过后，坦淡地说一句，一切随缘吧！

一切随缘，人生便可自在逍遥，没有什么可以拘牵意志和灵魂。

我们可以学一学古人的风致。学一学苏轼的心安之境，一份超然，一份豁达，一份荣辱偕忘，一份沉浮不惊，一份进退不扰，此五份足矣！有了这些，便可以坦然以对人生路途上的风风雨雨，坎坎坷坷。

面对生活中的种种烦恼忧愁，我们不必过于挂在心间。既然它们"随风"而来，就让它们随风而逝吧！

明白度人生，回首亦坦然

庄子认为，天地赋予我形体来使我有所寄托，赋予生命来使我疲劳，赋予暮年来使我享受清闲，赋予死亡来使我安息，所以以我生为乐事的必然以我死为乐事。既然生死、形体、劳逸、安息都是天地赋予我们的，所以生则乐生与死则乐死是我们的职责，是自然的造化，人的产生只是顺应自然的结果。庄子思想中的"命"作用相当广泛，不仅决定了人的生死自然大限，而且制范者、预定了人的一生在社会生活中的伦理关系和贫富穷达的遭际。

人活百年都无法参透两个字——"生"与"死"，但是不管人们能否参透这两个字，最终的结果都是一样的。然而，在同等境况下忙忙碌碌的一生里，有的人活了个明白，为了自己的理想而奋斗而忙；有的人却一辈子稀里糊涂、不知自己在忙什么、为什么而忙！因此，上面两种人有着不同的命运与结果。

的确，人生是短暂的。倘若我们不能正视人生，人生就会如流水般——只有流走的，却没有留下的。因此我们一定要明白我们这短暂的一生是怎样度过的，怎样过才是有意义的呢？

一天，一位大师问他的学生们："同学们！你们每天忙忙碌碌地学习，究竟是为了什么呢？"

有的学生说："为了让我们的生命活得更好！"

大师用清澈的目光环视着同学们，又沉静地问道："那么，你们且说说肉体的生命究竟有多长久？"

"我们的生命平均起来不过几十年的光阴。"一个学生充满自信地回答。

大师摇了摇头："你并不了解生命的真相。"

另一个学生见状，充满肃穆地说道："人类的生命就像花草，春天萌芽发枝，灿烂似锦；冬天枯萎凋零，化为尘土。"

大师露出了赞许的微笑。接着另一个学生说："我觉得生命就像浮游虫一样，早晨才出生，晚上就死亡了，充其量只不过一昼夜的时间！"

又一个学生说："其实我们的生命跟朝露没有两样，看起来不乏美丽，可只要阳光一照射，一眨眼的工夫它就干涸消逝了。"

大师含笑不语。学生们更加热烈地讨论起生命的长度来。这时，只见一个学生站起身，语惊四座地说："依我看来，人命只在一呼一吸之间。"

语音一出，四座愕然，大家都凝神地看着大师，期待大师的启迪。

"嗯，说得好！人生的长度，就是一呼一吸。只有这样认识生命，才是真正体证了生命的精髓。同学们，你们切不要懈怠放逸，以为生命很长，像露水有一瞬，像浮游有一昼夜，像花草有一季，像凡人有几十年。生命只是一呼一吸！应该把握生命的每一分钟，每一时刻，勤奋不已，勇猛精进！"

人们往往在生与死的抉择中，才能体会到生命的意义，才会明白活着的价值，不要将自己的生命浪费在那些没有丝毫义的事情上，要抓住每分每秒可以利用的时间充实自己。

有许多人的生命虽然短暂，然而他们活得却很精彩；有的人虽然能够活到百岁，然而他们却稀里糊涂、空活百年；有的人总是因为害怕死亡而嫌时间过得太快，事实上他们每天都在浪费着时间；有的人却忙碌得来不及考虑这些无谓的问题，他们的时间每一分每一秒都被充分利用上了，根本"来不及老"。而这种"来不及老"的人，虽然无法达到参透生死的境界，然而他们离这种境界却并不遥远。

有一个人学业有成后，就到美国工作了。30年后归来，去看望自己的恩师。两人在谈论一些别后的事情之后，这个人问他的恩师道："老师，这30年来，您老一个人还好？"

老师道："我很好，每天讲学、著作，世上没有比这种更欣悦的生活了。我每天忙得很快乐。"

"老师，分别这30年来，您每天的生活仍然这么忙碌，怎么都不觉得您老了呢？"

老师道："我没有时间觉得老呀！"

"没有时间老"，这句话后来一直在学生的耳边回响着。

　　事实上，老师并非没有老，毕竟30年的时间对于谁来说都不算短，那么他为什么却并没有觉得自己老呢？

　　这主要还是在于他对待人生的态度上，正是他将自己每天的工作安排得很充实，让原本一天中的无数个断点紧密地联系在了一起，他才"来不及老"的。

　　许多人都有这样的感受：当我们还是孩童时曾经有过许多的梦想，但当我们还未想如何去实现这些梦想时，死亡已经悄然而至。我们只能感叹、只能埋怨我们没有看清什么是人生。于是我们祈求上天能让我们回到从前，但那只能是一厢情愿的奢望而已。所以，无论我们现在是背着书包上学堂的娃娃，还是上有老下有小的中年，抑或是白发斑斑的老人，都要珍惜我们剩余的人生，奔着我们拟定的人生目标实实在在地做点努力，便不会留下那么多的遗憾与悔恨了。

　　"人的一生应当这样度过：当他回首往事时不因虚度年华而悔恨，也不因碌碌无为而羞愧。"的确，我们只有将这句话领悟于心、度过人生，在离开这个世界的时候才能无怨无悔、坦然面对。

放旷达观，随遇而安

　　孔子曾说过这样一段话："虞仲、夷逸，隐居放言，身中清，废中权。我则异于是，无可无不可。"

　　孔子的意思是：根据客观实际情况的发展变化而考虑怎样做适宜。得时则驾，随遇而安。

　　人生于天地间，则立于世，行于世。立身处世，当从大处着眼，小处着手，不为权势利禄所羁，不为功名毁誉所累，明察世情，了然生死，方可做到旷达，能持性而往，能临危不惧，能以本色面世，不费尽心机，不为无所谓的人情客套礼节规矩所拘束，能哭，能笑，能苦，能乐，泰然自在，怡然自得，真实自然，保持自己的个性特点，岂不快哉。

　　陶潜因被生活所迫，不得已而为仕。29岁时，他曾当过江州祭酒，但不久便自动辞职回家种田。随后，州里又请他去做主簿，他不愿意接受。到了40岁，他为了解决家里的生活困难，又到刘裕手下做了镇军参军，41岁时，转为彭泽县令，但只做了80多天，便辞职回家。从此以后，他再也不愿意出来做官了，而愿亲自种田来养家糊口，过着一种十分清淡贫穷的日子。

　　辞官回家以后，陶渊明仿佛从一个乌烟瘴气的地方突然来到了空气清新的花园，心情畅快、惬意极了。他立即写了一首辞赋，题目叫《归去来辞》，以表达自己厌恶官场，向往自由生活的心情。从此以后，他带着老婆、孩子一直过着一种耕田而食、纺纱而衣的田园生活。平时有空闲，他就写诗作文，以寄托自己的思想感情，后来，成了晋朝一位杰出的诗人。

　　有旷达之性，方可逍遥于世，轻松做人，从容处事，自己主宰自己。超然物外，有官无官不在意，有钱无钱无所谓，有名无名不上心。穷富得失，淡然处之，如此便无往不乐了。旷达乎，逍遥哉！

　　这就好比是两条船并排着过河，如果一只船是空的，两船碰撞，船上的人也不会发脾气。如果那空船上有一个人，那船要撞过来时，这船就会让开，船上人并且大声喊，要那船上人注意。如果那船上人不听，这船上人就会发出警告。再三之后，就会恶语相加。有人和没人的区别就这样大，原因就是想得太实了。把义气、地位、物资这些身外之物抛开，人不就是一个很有修养的人么！

我们每天都和别人打交道，有君子有小人。即使朋友中，不小心，也有小人存在。有的人为名利所驱，往往会做出有失道义的事来。

唐代诗人刘禹锡，是个性格耿直的人。他因为直言相谏而得罪了权贵，但他从不在意。

永贞元年的时候，刚刚即位的唐顺宗任用王叔文进行社会改革，引起了宦官反对，迫使顺宗退位，拥其长子李纯为宪宗，并贬逐王叔文。刘禹锡因为与改革派合作，也被贬。十年后，由于当朝宰相赏识他的才干，才将他召回长安。

刘禹锡回长安以后不久，就听说长安朱雀街旁崇业坊有一座玄都观。观内道士种植许多桃树，桃花盛开如云霞，于是便去观赏，并写诗一首《元和十年自朗州承召至京戏赠看花诸君子》：

　　　　紫陌红尘拂面来，无人不道看花回。

　　　　玄都观里桃千树，尽是刘郎去后栽。

诗题中的诸君子，指的是和刘禹锡一起被贬又同时被召回长安的朋友柳宗元、韩泰、陈谏等人，字面的意思是：长安大街上车马扬起的飞尘扑面而来，没有人不是说刚看完花回来，玄都观里的上千棵桃树都是刘禹锡贬官出长安后栽的啊！

其实，从"戏赠"的"戏"字中可以看出，这首诗是有另一层含意的，诗的后两句是讽刺当朝众多的现任大官，说他们都是诗人遭贬后被提拔出的谄媚之臣。

看到这首诗后，权贵们当然恼火了，于是再一次把刘禹锡贬到播州。当时，播州是最边远荒僻的地区，可见权贵们对他的怨恨有多深。后来，因为朋友柳宗元、裴度的帮忙，加上他有年老的母亲，于是便改为连州刺史。

14年以后，由于裴度向文宗推荐，刘禹锡才又被召回长安，任主客郎中官职。这年的3月，刘禹锡又一次到玄都观来，但这时的景象已和14年前不同了。满院云霞般的桃树已荡然无存，只有兔葵、燕麦在春风中摇动。刘禹锡想到自己两次被贬又两次召回的经历，不由得感慨万千，于是写诗抒怀：

> 百亩庭中半是苔，桃花净尽菜花开。
>
> 种桃道士今何处？前度刘郎今又来。

这首诗表面的意思很好理解，但它也有深一层的含义。诗人感叹"一朝天子一朝臣"的时局变换如此莫测，那些一度得宠不可一世的权臣们都垮台了，但是坚持正义的"刘郎"却又回来了。可见争名逐利不过是过眼云烟，胸襟豁达，为人要有几分淡泊，才能笑到最后，做最后的胜利者。

做人要有几分淡泊的心态，要不然，欲望会让你痛苦不堪。

逍遥旷达不是要求做到无欲，而是淡看各种名利之欲。淡看之后，则可生旷达，有了旷达之后，人生自然逍遥了。庄子说得好："我愿意活着，在沼泽里摇头摆尾，自由自在。"

东坡说，我之所以能每时每刻都很快乐，关键在于不受物欲的主宰，而能游于物外。

人，一旦"游于物内"，而不"游于物外"，梦寐以求地沉浸在没有穷尽的"物"的占有欲，及其永无止境的膨胀的状态中，人都成了"物"的奴隶，那还有什么真正的人生乐趣呢？钱，可以使人不择手段；权，可以使人胆大妄为；名，可以使人变得虚伪，可以使人失去理智……在种种物欲的诱惑下，很多善男信女蜕变成了不法之徒，很多国家公务员沦为了阶下之囚。这"游于物内"，人为物所役，不仅会使人失去了人生的乐趣，还会失去最起码的良心和道德。

人，只有摆脱了外界的奴役，自己主宰自己，才可能永葆心灵的恬静和快乐。超于物外，官大官小不系于心，有名无名也不在乎，穷富得失淡然处之，钱多钱少无所谓，这样不就无往而不乐了？

做个顺时而动的智者

生活在世上，每个人的活法各不相同。面对同一个客观环境和自然条件，为什么有的人活得痛苦，有的人活得轻松呢？这其中，除了禀赋差异外，就是聪明人懂得调整个人与客观环境的关系，审时度势，超然处世，顺应自然。智者顺时而成功，愚者逆理而失败。

唐朝诗人刘禹锡，学富五车，诗名很大，为人爽直，但有时做人不够圆通，惹来不少麻烦。当时有项风俗，举子在考试前都要将自己的得意之作送给朝廷有名望的官员，请他们看后为自己说几句好话，以提高自己的声誉，称之为"行卷"。襄阳有位才子牛僧孺这年到京城赴试，便带着自己的得意之作，来见很有名望的刘禹锡。刘很客气地招待了他，听说他来行卷，便打开他的大作，毫不客气地当面修改他的文章，"飞笔涂窜其文"。刘本是牛的前辈，又是当时文坛大家，亲自修改牛的文章，对牛创作水平的提高是有好处的。但牛僧孺是个非常自负的人，他从此便记恨于心了。后来，由于政治上的原因，刘禹锡仕途一直不很得意，到牛僧孺成为唐朝宰相时，刘还只是个小小的地方官。一次偶然的机会，刘禹锡与牛僧孺相遇在官道上，两个便一起投店，喝酒畅谈。酒酣之际，牛写下一首诗，其中有"莫嫌恃酒轻言语，曾把文章谒后尘"之语，显然对当年刘禹锡当面改其大作一事耿耿于怀。刘见诗大惊，方悟前事，赶紧和诗一首，以示悔意，牛才解前怨。刘惊魂未定，后对弟子说："我当年一心一意想扶植后人，谁料适得其反，差点惹来大祸，你们要以此为戒，不要好为人师。"

智者懂得，人生道路曲折多变，有些时候，对事物的发展只有"顺其自然"，"死生有命，富贵在天"，凡事不可强求。"顺其自然"，就是对世间的功名利禄、是非得失看得淡泊，不去执着追求，笑对毁誉。这也不失为一种糊涂。

亲鸾《末灯抄》："自是'主动地'之意，然是'变成这样'之意。故'自然'非由行者所裁夺，乃如来的信誓也。"

此处的"自然"，并不是指自然科学所说的单纯的自然事物，而是指透过宗教的觉醒的眼光所见的世界，也就是一切事物按照佛意成为它现在的样子。

顺其自然，有人认为是一种糊涂，但是，只要抛弃自己迷乱的思想，置身于听任佛意支使的境界中，就能真正发挥具有自主性的自我，这并非如宿命论所言的听其自然。

人对待生活，如果能将自己与自然合二为一，顺应自然地度过人生，那就必定能达到人生无忧无虑的最高的"糊涂"境界。

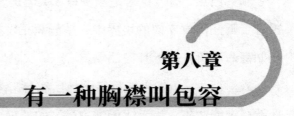

第八章
有一种胸襟叫包容

宽广胸襟，无忧也无恼

海纳百川，有容乃大。江海之所以能成为百谷之王，是因为身处低下。要想拥有百川的事业和辉煌，首先要拥有容得下百川的心胸和气量。

一个满怀失望的年轻人，千里迢迢来到一位知名画家的家中，对画家说："我一心一意要学丹青，但至今没能找到一个能令我满意的老师。"

画家笑笑问："你走南闯北十几年，真没能找到一个自己的老师吗？"年轻人深深叹了口气说："许多人都是徒有虚名啊，我见过他们的画，有的画技甚至不如我呢！"画家听了，淡淡一笑说："我收集了一些名家精品，既然你的画技不比那些名家逊色，就烦请你为我留下一幅墨宝吧。"说完，便拿来了笔墨砚和一沓宣纸。

画家接着说："我的最大嗜好，就是爱品茗饮茶，尤其喜爱那些造型流畅的古朴茶具。你可否为我画一个茶杯和一个茶壶？"年轻人听了，说："这还不容易？"于是调好了砚墨，铺开宣纸，寥寥数笔，就画出一个倾斜的水壶和一个造型典雅的茶杯。那水壶的壶嘴正徐徐吐出一脉茶水来，注入到了那茶杯中去。年轻人问画家："这幅画您满意吗？"

画家微微一笑，摇了摇头。

画家说："你画得确实不错，只是把茶壶和茶杯放错位置了。应该是茶杯在上，茶壶在下呀。"年轻人听了，笑道："您为何如此糊涂，哪有茶壶往茶杯里注水，而茶杯在上茶壶在下的？"画家听了又微微一笑说："原来你懂得这个道理啊！你渴望自己的杯子里能注入那些丹青高手的香茗，但你总把自己的杯子放得比那些茶壶还要高，香茗怎么能注入你的杯子里呢？涧谷把自己放低，才能吸纳融会百川，呈汹涌之势啊。"

我们需要学会宽容，"容人须学海，十分满尚纳百川"，懂得宽容待人的好处。宽容待人，就是在心理上接纳别人，尊重别人的处世原则，理解别人的处世方法。我们要接受别人的长处，同时，也要接受别人的短处、缺点与错误。只有这样，我们才能真正地和平相处。

宽容代表着一个人的美好心性，也是最需要加强的美德之一。俗语讲，眉间放一"宽"字，自己轻松自在，别人也舒服自然。宽容是一种豁达的风范，也许只有拥有一颗宽容的心，才能面对自己的人生。

宽容就是在别人和自己意见不一致时也不要勉强。因为任何的想法都有其来由，任何的动机都有一定的诱因。了解了对方的想法，找到他们意见提出的基础，就能够设身处地地接受对方的心理。

正所谓"退一步，海阔天空；忍一时，风平浪静"。宽容就是事情过了就算了，从不去斤斤计较。每个人都有犯错的时候，如果执着于过去的错误，就会不信任、耿耿于怀、放不开，并且限制了自己的思维，也限制了对方的发展。即使是背叛，也并非不可容忍。能够承受背叛的人才是最坚强的人，也将以他坚强的心志在氛围中占据主动，以其威严更能够给人以信心、动力，因而更能够防止或减少背叛。

宽容是一种幸福。我们在饶恕别人的同时，给了别人机会，也取得了别人的信任和尊敬。所以说，宽容是一种看不见的幸福。

宽容更是一种财富。拥有宽容，就拥有了一颗善良而真诚的心。这是易于拥有的一笔财富，它在时间推移中升值，它会把精神转化为物质。选择了宽容，便赢得了财富。

因此，只有用一种比大海还要宽广的胸怀去对待人生、对待他人，生活就会变得更精彩。

让步为高，宽人是福

为人处世能够做到忍让是很高明的方法，因为退让一步往往是进步的阶梯；对待他人宽容大度就是有福之人，因为在便利别人的同时，也为方便自己奠定了基础。

齐国相国田婴门下，有个食客叫齐貌辩，他生活不拘细节，我行我素，常常犯些小毛病。门客中有个士尉便劝田婴不要与这样的人打交道，田婴不听，那士尉便辞别田婴另投他处了。为这事门客们愤愤不平，田婴却不以为然。田婴的儿子孟尝君便私下里劝父亲说："齐貌辩实在讨厌，你不赶他走，倒让士尉走了，大家对此都议论纷纷。"

田婴一听，大发雷霆，吼道："我看我们家里没有谁比得上齐貌辩。"这一吼，吓得孟尝君和门客们再也不敢吱声了。而田婴对齐貌辩却更客气了，住处吃用都是上等的，并派长子侍奉他，给他以特别的款待。

过了几年，齐威王去世了，齐宣王继位。宣王喜欢事必躬亲，觉得田婴管得太多，权势太重，怕他对自己的王位有威胁，因而不喜欢他。田婴被迫离开国都，回到了自己的封地薛。其他的门客见田婴没有了权势，都离开他，各自寻找自己的新主人去了，只有齐貌辩跟他一起回到了薛地。回来后没过多久，齐貌辩便要到国都去拜见宣王。田婴劝阻他说："现在宣王很不喜欢我，你这一去，不是去找死吗？"

齐貌辩说："我本来就没想要活着回来，您就让我去吧！"田婴无可奈何，只好由他去了。

宣王听说齐貌辩要见他，憋了一肚子怒气等着他，一见齐貌辩就说："你不就是田婴很信从、很喜欢的齐貌辩吗？"

"我是齐貌辩。"齐貌辩回答说，"靖郭君（田婴）喜欢我倒是真的，说他信从我的话，可没这回事。当大王您还是太子的时候，我曾劝过靖郭君，说：'太子的长相不好，脸颊那么长，眼睛又没有神采，不是什么尊贵高雅的面目。像这种脸相的人是不讲情义，不讲道理的，不如废掉太子，另外立卫姬的儿子郊师为太子。'可靖郭君听了，哭哭啼啼地说：'这不行，我不忍心这么做。'如果他当时听了我的话，就不会像今天这样被赶出国都了。"

"还有，靖郭君回到薛地以后，楚国的相国昭阳要求用大几倍的地盘来换薛这块地方。我劝靖郭君答应，而他却说：'我接受了先王的封地，虽然现在大王对我不好，可我这样做对不起先王呀！更何况，先王的宗庙就在薛地，我怎能为了多得些地方而把先王的宗庙给楚国呢？'他终于不肯听从我的劝告而拒绝了昭阳，至今守着那一小块地方。就凭这些，大王您看靖郭君是不是信从我呢？"

宣王听了这番话，很受感动，叹了口气说："靖郭君待我如此忠诚，我年轻，丝毫不了解这些情况。你愿意替我去把他请来吗？我马上任命田婴为相国。"

田婴待人宽和，终因此而复相位。

为人处世，忍让为本。但律己宽人同样是种福修德的好根由。为人在世，谁也保证不了不犯错误，谁也难免得罪人，但能得到人家的宽容，你自然会感激不尽。当然，人家也会冲撞于你，冒犯于你，若你能宽容待之，人家就会认为你坦诚无私，胸襟广阔，人格高尚，于是你的身边会挚友云集，为你赴汤蹈火。

过刚的易衰，柔和的长存

老子说过，过于坚强之个性的人，就是走向死亡的人，个性柔弱的人就是能生存的人。所以用兵过强，反而不会胜利，木过强硬则容易断掉。强大之个性，想要居人上，反过来就败在人下，柔弱自守之人，反过来就高居在上。

老子所参悟的"过刚的易衰，柔和的长存"似乎与所罗门的智慧之语"柔和的舌头能折断百骨"不谋而合。绳锯木断，水滴石穿也是这个道理。生命的质量不在于它的硬度而在于它的韧性，鲁迅生前最推崇的就是坚韧的精神。"韧"字的含义是：百折不挠，勇往直前。人如果没有一股韧劲，干什么都不会成功。

有这样一个故事，商容是殷商时期一位很有学问的人。在他生命垂危的时候，老子来到他的床前问道："老师还有什么要教诲弟子的吗？"商容张开嘴让老子看，然后说："你看到我的舌头还在吗？"

老子大惑不解地说："当然还在。"商容又问："那么我的牙齿还在吗？"老子说："全都落光了。"商容目不转睛地注视着老子说："你明白这是什么道理吗？"老子沉思了一会儿说："我想这是过刚的易衰，而柔和的长存吧？"商容点头笑了笑，对他这个杰出的学生说："天下的许多道理几乎全都在其中了。"

你知道拿破仑在滑铁卢一役中是被谁打败的吗？答案是英国的威灵顿将军。这位打败英雄的英雄并不只是幸运而已，他也曾尝过吃败仗的滋味，并且多次被拿破仑的军队打得落花流水。

最落魄的一次，威灵顿将军几乎全军覆没，只好落荒而逃，逼不得已，只好在一个破旧的柴房里藏身。

在饥寒交迫中，他突然想起自己的军队已经被拿破仑打得七零八落，伤亡惨重。这样还有什么面目去见江东父老呢？万念俱灰之下，他只想一死了之。

正当他心灰意冷的时候，忽然看见墙角有一只正在结网的蜘蛛。一阵风吹来，网立刻被吹破了，但是蜘蛛并没有就此停下来，它再接再厉，努力吐丝，立刻开始重新结网。

好不容易快要结成时，又一阵大风吹来，网又散开了。蜘蛛毫不气馁，转移阵地又开始编织它的网。

像是要和风比赛一样，蜘蛛始终没有放弃。风越大，它就织得越勤奋。等到它第七次把网织好以后，风终于完全停止了。

威灵顿将军看到了这一幕后，心中思潮汹涌，不禁有感而发：一只小小的蜘蛛都有勇气对抗大自然这个强大的劲敌，何况自己一个堂堂的将军，更应该奋战到底，怎能因为一时的失败就丧失了斗志呢？

于是，威灵顿将军坦然接受了失败的事实，并且重整旗鼓。苦心奋斗了八年之久，最后在滑铁卢之役一举打败拿破仑，一雪当年的耻辱。

威灵顿将军赢就赢在坚韧不拔的品格上。如果说，世界上有一种药能够救人于失败落魄的境地中，那么这剂药的名字就叫"坚韧"。

在一本书里曾有过这样一段文字：你是鸡蛋还是胡萝卜？假设鸡蛋和胡萝卜是两个人，它们同时面临着被水煮这个困境，而它们的反应是不一样的。鸡蛋被水煮过之后蛋清与蛋黄凝固，比先前还要硬。而胡萝卜却没有了先前的脆而被软所代替。物犹如此，人何以堪？有的人在困难面前展现了他的坚韧，打败了困难，有的人则在困难面前畏惧、退缩。

富兰克林说："有耐心的人，无往而不利。"耐心就是一种坚韧，需要特别的勇气，需要不屈不挠，坚持到底的精神。这里所谓的耐心是动态而非静态的，主动而不是被动的，是一种主导命运的积极力量。这种力量就是坚韧，以一种几乎是不可思议的执着，投入既定的目标中，才具有人生的价值。

人的一生如果过于顺利，就如温室里的花朵一样，虽然也能绽放艳丽，但却缺乏一种源于大自然、经历风吹雨打后展现出的生命力。世间万物只有经过大自然狂风暴雨的洗礼和锤炼后，才能诞生出旺盛的生命力。人生也是如此，当一个人处身于逆境之中，若能坚强地忍受一切的不如意，甚至于磨难，而后仍屹立不倒，他便是强者！

生活就像是一场现场直播的演出，你没有任何选择的余地，你会无数次地被命运之手推拒在主场之外，因此你的激情没有了，曾经的笑脸也没有了……在生活的惯性思维中，你开始变得沉默和妥协。慢慢地，你的棱角被磨平了，淹没于人海了。只有保持一种特别的坚韧，才能让我们的生活更美好，更有意义。

记得米兰·昆德拉曾说过："生活，是持续不断的沉重努力，为的是不在自己眼中失落自己。"作为人，只有坚韧地承受着各种的失意和寂寞，才能不迷失自己，才能笑到最后，也才能笑得最好！

虚怀若谷，谦虚做人

真正懂得搏击的武士，凭借的是智慧不是武力；真正懂得打仗的将领，凭借的是冷静沉着不是冲动暴躁；常常战胜敌人者，往往不需打仗就胜了；很会运用别人优点的人，对待别人都很谦恭，尊重对方。

谦恭有度，讲的是君子的情操和待人接物的态度。君子待人要谦虚，对待长辈更要恭谦有礼，但也不可谦虚过度，过谦则使人感觉到虚伪狡诈。只有虚怀若谷的态度，才能给人尊敬的印象，敬人者人恒敬之，人们也会对谦虚者报以尊敬。谦虚是高尚者的情操，修养深厚的表现，圣人君子的操守。

一个人如果太骄傲太自满，物极必反，盛极而衰，最终灾祸临头悔之晚矣。反之，如果太谦虚太礼让，矫揉造作，虚伪狡诈，也会给人留下华而不实的印象，这就是过犹不及的道理。因此谦让要有度，要恰恰当当的。

有一位满腹经纶的学者，为了了解人生的奥妙，不远千里去拜访一位作家。作家在桌上准备了两只斟满茶水的杯子，然后坐下，开始讲解人生的意义。

这位学者听着听着，觉得其中某些话似曾相识，好像也不是什么高深的理论。于是认为这位作家不过是浪得虚名，骗骗一般凡夫俗子而已。

学者越想越觉得心浮气躁，坐立不安，不但在作家的讲道中不停地插话，甚至轻蔑地说："哦，这个我早就知道了。"

作家并没有出言指责学者的不逊，他只是停了下来，拿起茶壶再次替这位学者斟茶，尽管茶杯里的茶还剩下八分满，作家却没有把杯子里的茶倒出，只是不断在茶杯中注入温热的茶水，直到茶水不停地从杯中溢出，流得满地都是。杯子已经满了。

这位学者见状，连忙提醒作家说："别倒了，根本装不下了。"

作家听了放下茶壶，不温不火地说："是啊！如果你不先把原来的茶杯倒干净，又怎么能品尝我现在倒给你的茶呢？"

古往今来，凡是能够建立功业成就功勋的全都是谦虚圆融的人士，那些执拗固执、骄傲自满的人往往与成功无缘。

文王谦虚，渭河之滨访太公，最终成就了周朝八百年的基业；刘备谦虚，三顾茅庐请卧龙，最终天下三分一分归刘。

谦虚的人懂得怎样尊敬别人，包容别人，比如山谷。山谷因为胸怀空阔而罗纳万物，万物生长其间，不受排斥，不受拘禁，自由生长，得到了长久的来自山谷的给养和尊重，同时山谷间的万物也装饰和点缀了山谷，使山谷变得郁郁葱葱，生机勃发。所谓谦虚礼让，敬人敬己就是这个道理。

做人大忌，就是得意忘形。纵观历史，凡得意忘形者，必没有好下场。

三国中曹操败走华容道，虽然是败军之将，却对诸葛亮的军事才能百般嘲笑，结果全都落入孔明套中，这时才羞惭万分，要不是关羽为报答恩情放他一马，恐怕曹操要死于赤壁的硝烟中。

还有，汉武帝刚刚即位的时候，舅父田蚡掌握大权，不把朝臣放在眼中，忘乎所以，最后连武帝也难以容忍，落了一个疯癫的下场。

有的时候，人们冲破了艰难险阻，经历了千辛万苦，终于把黑暗踩在脚下，迎来了光明的曙光，但却因为得意忘形，又重新跌入黑暗的深渊。得意忘形，会使人丧失最起码的谦虚，更会使人头脑发热，做事情往往没有逻辑，只凭一时的感觉。

得意忘形是摧毁心智的一把利器。纵使是那些曾经叱咤风云的人物，要是得意忘形了，也会遭遇不好的下场。古话说得好："得意者终必失意。"人生在世，无论什么时候都要内敛，学会谦虚。只有谦虚的胸怀，才能有海纳百川的吞吐之势。得意忘形就像海上扬起的风波，即使风波滔天，但在风平浪静之后，大海也要复归沉静。故而，人不能得意，更不能忘乎所以，得意忘形。6.心地放宽，恩泽流长一个人待人处事的心胸要宽厚，使你身边的人不会有不平的牢骚；死后留给子孙与世人的恩泽要流得长远，才会使子孙有不断的思念。

东汉时，班超一行在西域联络了很多国家与汉朝和好，但龟兹恃强不从。班超便去结交乌孙国。乌孙国王派使者到长安来访问，受到汉朝友好的接待。使者告别返回，汉帝派卫侯李邑携带不少礼品同行护送。

李邑等人经天山南麓来到于阗，传来龟兹攻打疏勒的消息。李邑害怕，不敢前进，于是上书朝廷，中伤班超只顾在外享福，拥妻抱子，不思中原，还说班超联络乌孙，牵制龟兹的计划根本行不通。

班超知道了李邑从中作梗，叹息说："我不是曾参，被人家说了坏话，恐怕难免见疑。"他便给朝廷上书申明情由。

汉章帝相信班超的忠诚，下诏责备李邑说："即使班超拥妻抱子，不思中原，难道跟随他的一千多人都不想回家吗？"诏书命令李邑与班超会合，并受班超的节制。汉章帝又诏令班超收留李邑，与他共事。

李邑接到诏书，无可奈何地去疏勒见了班超。班超不计前嫌，很好地接待李邑。他改派别人护送乌孙的使者回国，还劝乌孙王派王子去洛阳朝见汉帝。乌孙国王子启程时，班超打算派李邑陪同前往。

有人对班超说："过去李邑毁谤将军，破坏将军的名誉。这时正可以奉诏把他留下，另派别人执行护送任务，您怎么反倒放他回去呢？"

班超说："如果把李邑扣下的话，那就气量太小了。正因为他曾经说过我的坏话，所以让他回去。只要一心为朝廷出力，就不怕人说坏话。如果为了自己一时痛快，公报私仇，把他扣留，那就不是忠臣的行为。"

李邑知道后，对班超十分感激，从此再也不诽谤他人。

人生在世究竟该怎样做人？从古至今是人们争论的一个话题。是"争一世而不争一时"，还是"争一时也要争千秋"，是只顾个人私利不管他人"瓦上霜"，还是为人类做有益的事，作些贡献？这实际上是两种世界观的较量。

生活中，一个心胸狭窄的人，必然招致他人的不满。人在世时宽以待人，善以待人，多做好事，遗爱人间必为后人怀念，所谓"人死留名，豹死留皮"，爱心永在，善举永存。而恩泽要遗惠长远，则应该多做在人心和社会上长久留存的善举。只有为别人多想，心底无私，眼界才会广阔，胸怀才能宽厚。

低调做人万事顺

我们有时候觉得自己什么都不怕，什么都可以做。偶尔会觉得自己有点不知天高地厚，总是把事情想象得很美妙，但又跌得很惨，也时常宽慰自己，年轻人嘛，犯错误是正常的，但是总犯错误不行，而且渐渐地也不年轻了。什么都会的天才儿童毕竟是极少数，而且天才儿童也不一定什么都能办好。要相信能人多得是，自己那点小招数，还够不上如此嚣张跋扈的。不是别人没有能耐，是别人不屑与你争。

面对物欲横流的世界，做人难，做一个低调的人更难，难于从躁动的情绪和欲望中稳定心态；他是一种修为，是一种对人生的理解，他必须把自己调整到以一个合理的心态去踏踏实实做人。当然其中包含了很多值得人们好好品味的内容。

第一，在行为上要低调，做人不能太精明。例如：《红楼梦》中的王熙凤"机关算尽太聪明"，乐极生悲。

第二，在心态上要低调，不要锋芒毕露，不要恃才傲物，要知道谦逊是终身受益的美德。

第三，在姿态上要低调，"大智若愚，实乃养晦之术"，毛羽不丰时，要懂得让步；时机未成熟时，要挺住。所谓"高处不胜寒"，低调做人也未尝不是件好事。

第四，在言辞上要低调，说话时莫逞一时口头之快，不可伤害他人自尊，不要揭人伤疤，得意而不忘形，要知道祸从口出，没必要自惹麻烦。

低调做人，不是指低声下气，奴颜婢膝，而是指要始终把自己当成普通一分子，使自身融到大众中去，融到社会中去，不追名逐利，不自命不凡，为人处事不张扬。高调生活，不是指高人一等，居功自傲，而是说精神境界要高，见解见识要高，综合素质要高，品位要高，不庸俗。

没有人不期望自己有更多的朋友，没有人不期望自己得到更多尊重，没有人不期望自己成就更多事业，没有人不期望自己有更好的生活品质。

高调生活，就是说在心志上要高调。立高远之志，创辉煌人生。要有勇气，有梦想，要知道锲而不舍才能成就传奇。

首先，在行为上要高调，心动不如行动，拥有梦想就要去行动，要相信自己的潜在优势，犹豫不决的人将一事无成。

其次，在心态上要高调。要乐观，要时常给自己希望，保持向上的激情，别让借口"吃掉"你的希望；要坚定生活的信念，相信丑小鸭也能变成白天鹅，把挫折当成垫脚石，对生活充满热情。

再次，在细节上要高调。注重细节，从小事做起。用心做事，对待任何事情，即使小事也要倾注全部热情。

在我们的日常生活中，形形色色、各式各样的人都有，与人相处，无论是生活中还是工作中，只要你稍微有点处理不当，就很有可能找来不少麻烦。轻者，工作不愉快；重者，影响自己的职业生涯。因此，在与人相处的艺术中，低调做人相当重要，特别是在与小人的相处中，更加重要。

学会低调做人就是不要把自己的心理能量浪费在无谓的人际斗争中，即使你认为自己的能力比别人强，即使你认为自己满腹才华，也要学会保留，学会隐藏，学会克制，这是保护自己的有效手段，也是一种能量的内敛。不招人嫌、不卷进是非、不招人嫉妒、无声无息地把自己要做的事情做好，出色地完成自己的任务，永远都是最重要的事情。我们不要抱怨自己的功绩成了别人的功德，不要抱怨自己怀才不遇，不要自视清高，不要招摇过市，那是一种肤浅的行为。我们要相信：我们还有很多不懂的，不懂的比懂的多；我们同样要相信：世界上厉害的人比不如我们的人多。

美国开国元勋之一的富兰克林，年轻时去一位老前辈的家中做客，他昂首挺胸走进一座低矮的小茅屋，一进门，"嘭"的一声，他的额头撞在门框上，青肿了一大块。老前辈笑着出来迎接说："很痛吧？你知道吗？这是你今天来拜访我最大的收获。一个人要想洞明世事，练达人情，就必须时刻记住低头。"富兰克林记住了，也成功了。

低调做人，是一种品格，一种修养，一种胸襟，一种智慧，一种姿态，一种风度，更是一种谋略，是做人的最佳姿态。欲成事者必要宽容于人，进而为人们所容纳、所赞赏、所钦佩，这正是人能立世的根基。根基坚固，才有枝繁叶茂，硕果累累；倘若根基浅薄，便难免枝衰叶弱，不禁风雨。而低调做人就是在社会上加固立世根基的绝好姿态。低调做人，不仅可以保护自己、融入人群、与人们和谐相处，也可以让人暗蓄力量、悄然潜行，在不显山不露水中成就事业。

低调做人不仅是一种境界，一种风范，更是一种弹性的生活方式。绝大多数成功者都或多或少受到过这一哲学思想的启示。

善待他人，就是善待自己

《优婆塞戒经·自他庄严品》中说："别人对我有一点点恩德，就应想着怎样大大地回报他。对怨恨自己的人，要总是怀着善心。"这是教人行善事，做善人的箴言。

中国有句处世之道的古话叫："与人为善。"是说人不论到什么时候，都要以善的一面对待别人。与人为善是人际交往中一种高尚的品德，是智者心灵深处的一种沟通，是仁者个人内心世界里一片广阔的视野。它可以为自己创造一个宽松和谐的人际环境，使自己有一个发展个性和创造力的自由天地，并享受到一种施惠与人的快乐，从而有助于个人的身心健康。

与人为善并不是为了得到回报，而是为了让自己活得更快乐。与人为善其实极易做到的，它并不要你刻意去做作，只要有一颗平常的心就行了。

在《本生经》中，载有这样一个有关"月与兔"的故事：

有一次，猴子、狐狸、兔子在一起玩儿。正玩儿得高兴的时候，突然看见一个饿得快要发昏的旅者拖着疲惫的脚步走了过来。

这三个动物都很可怜他，就四处为他寻找食物。结果，猴子和狐狸都找回了很多吃的，只有兔子两手空空地回来了。于是，兔子跃身跳入火中，将自己的身体献给旅者当食物。

就在这时，旅者化为佛陀，感动于兔子那种舍己为人的慈悲心，而把它送入月亮的世界，所以以后才有兔子住在月宫的传说。

在这个故事中，兔子的善行被加大宣扬，猴子和狐狸也有善行，却被忽略或轻视了。当然，如果将以找到食物的本领为标准来评判价值的话，那么猴子和狐狸则要比兔子更值得赞扬。可问题是，我们所强调的不在其奉献的是什么，而在其如何去奉献。

在日常生活中，无非是想丰富你的生活、实现你的价值。而这所有的一切，归根到底，都来自你是否善待他人。与人为善不仅给你财富，还使你拥有被他人喜爱的充实感。记住：只有与人为善，才能求得长远财富；奸人只能造就一时的得意，却不能品味充实自信的人生。

与人为善来源于高尚。"人心本善"，"世界终将大同"，"只要人人都献出一点爱，世界就会变成美好的人间"……有了这样的情操，人生杠杆才有了支点，人们行动才有了指南，理想大厦才有了精神支柱。

与人为善也来源于自信。无论生活以什么样的方式回报他，他都能应对自如。正如一位诗人所说："报我以崎岖吗？我是一座天山严肃地思索；报我以平坦吗？我是一条欢快的小河；报我以不幸吗？我是一根劲竹经得起狂风暴雨；报我以幸福吗？我是一只凌空飞翔的燕子。"

释迦在世的时候，有一个名叫难达的老婆婆很想拿些什么东西来供养释迦，但可惜的是，老婆婆非常贫困，根本拿不出任何东西。

一天，老婆婆想用灯火来供养释迦，就到集市上去买灯油，卖家问她："你穷的连饭都吃不上了，为什么不把买油的钱拿来买粮食呢？"

老婆婆说："我就是因为太穷了，一向都拿不出东西来供养佛陀。现在想，至少要在自己的余生里供养一次，才来买油的。"

老婆婆回家后，便为佛陀点起灯火。这一夜，风很大，别人的灯火都被风吹灭了，唯独老婆婆那微弱的灯火却没有熄灭。释迦的弟子们看到这种情况，很是不解，于是就问释迦。释迦解释说："老婆婆的供养虽然很小，但它却包容了全心全意的缘故。"

这是《阿阇世王授决经》中所载的一个故事，这则故事也强调了精神的施与比物质的施与更令人尊重的观点。

现实生活中，有些人不讨人喜欢，甚至四面楚歌，主要原因不是大家故意和他们过不去，而是他们在与人相处时总是自以为是，对别人随意指责，百般挑剔，人为地造成矛盾。只有处处与人为善，严以责己，宽以待人，才能建立与人和睦相处的基础。在很多时候，你怎么对待别人，别人就会怎么对待你。这就教育我们要待人如待己。在你困难的时候，你的善行会延伸出另一个善行。

孟子曾经说过："君子莫大乎与人为善。"善待他人是人们在寻求成功的过程中应该遵守的一条基本准则。在当今这样一个需要合作的社会中，人与人之间更是一种互动的关系。只有我们去善待别人、帮助别人，才能处理好人际关系，从而获得他人的愉快合作。那些慷慨付出、不求回报的人，往往更容易获得成功。总之，善待他人就是善待自己。如同有句古语说的那样：授人玫瑰，手留余香。

市场经济，红尘滚滚。似乎地位、金钱、利益决定一切。于是有的人便认为与人为善的精神已变得陈旧而失去了光泽。其实，人们需要善良，世界需要善良，你自己也需要善良。

表面的弱者是真正的强者

有些人看上去平平常常，甚至还给人"窝囊"不中用的弱者感觉，但这样的人并不可小看。有时候，越是这样的人，越是在胸中隐藏着高远的志向抱负，而他这种表面"无能"，正是他心高气不傲、富有忍耐力和成大事讲策略的表现。这种人往往能高能低、能上能下，具有一般人所没有的远见卓识和深厚城府。

刘备一生有"三低"最著名，它们奠定了他王业的基础。

一低是桃园结义，与他在桃园结拜的人，一个是酒贩屠户，名叫张飞；另一个是在逃的杀人犯，正在被通缉，流窜江湖，名叫关羽。而他，刘备，皇亲国戚，后被皇上认为皇叔，肯与他们结为异姓兄弟，他这一来，两条浩瀚的大河向他奔涌而来，一条是五虎上将张翼德，另一条是儒将武圣关云长。刘备的事业，从这两条河开始汇成汪洋。

二低是三顾茅庐。为一个未出茅庐的后生小子，前后三次登门求见。不说身份名位，只论年龄，刘备差不多可以称得上长辈，这长辈喝了两碗那晚辈精心调制的闭门羹，毫无怨言，一点都不觉得丢了脸面，连关羽和张飞都在咬牙切齿，这又一低，一条更宽阔的河流汇入他宽阔的胸怀，一张宏伟的建国蓝图，一个千古名相。

三低是礼遇张松。益州别驾张松，本来是想卖主求荣，把西川献给曹操，曹操自从破了马超之后，志得意满，骄人慢士，数日不见张松，见面就要问罪，后又向他耀武扬威，引起他的讥笑，又差点将其处死。刘备派赵云、关云长迎候于境外，自己亲迎于境内，宴饮三日，泪别长亭，甚至要为他牵马相送。张松深受感动，终于把本打算送给曹操的西川的地图献给了刘备。这再一低，西川百姓汇入了他的帝国。

最能看出刘备与曹操交际差别的，要算他俩对待张松的不同态度了：一高一低，一慢一敬，一狂一恭。结果，高慢狂者失去了统一中国的最后良机，低敬恭者得到了天府之国的川内平原。

在这个故事中，刘备胸怀大志，却平易近人礼贤下士，慢慢成就了自己的基业。与之相反，曹操心高气傲，目中无人，白白丢掉了富饶的天府之国，并且还因此耽误了统一中国的大计。单从这一点上看，刘备是真英雄，虽然他没有所谓的气势架子；而曹操则一副狂徒之态，傲气冲天，耀武扬威。他因此吃了大亏，其实一点都不冤。

一个人，无论你已取得成功还是还没有出师下山，其实都应该谨慎平稳，不惹周围人不快；尤其不能得意忘形狂态尽露。特别是年轻人初出茅庐，往往年轻气盛，这方面尤其应当注意。因此心气决定着你的形态，形态影响着你的事业。

一位书法大师带着徒弟去参观书法展。他们站在一幅草书前，大师摇头晃脑地一个字一个字地往下读，突然卡壳了，因为那个字写得太草了，大师一时也认不出来，正左想右想之时，徒弟笑道："那不就是'头脑'的'头'嘛！"

大师一听就变了脸色。他怒斥道："轮得到你说话吗？"

这个徒弟显然是有才的，但也显然是不懂心高不可气傲这一道理的。这次惹火了师父，大师以后能不能喜欢他就很难说了。

一个博士生论文答辩之后指导教授对他很客气地说："说实在话，这方面你研究了这么多年，你才是真正的专家，我们不但是在考你，指导你，也是在向你请教。"

博士则再三鞠躬说："是老师指导我方向，给我找机会。没有老师的教导，我又能怎么表现呢。"

本来，能赢得指导教授的肯定和赞美是一件多么值得骄傲的事啊，但博士生没有因此得意扬扬，而是谦逊地感谢导师，无疑这种得体的表现会赢得众教授的好感，于他只会有益而不会有害。

在古代，皇帝御驾亲征的时候，即使正与敌人对阵的将军，可以一举把敌人击溃，不必再劳动皇帝，但是只要听说御驾要亲征，就常常按兵不动。一定等着皇帝来，再打着皇帝的旗子，把敌人征服。

这按兵不动，可能姑息养奸，让敌人缓口气，而造成很大的损失，为什么不一鼓作气，把他打下来呢？

此外，御驾亲征，劳师动众，要浪费多少钱财？何不免掉皇帝的麻烦，这样不更好吗？

如果你这么想，那就错了，错得可能有一天莫名其妙地被贬了职，甚至掉了脑袋。你要想想，皇帝御驾亲征是为什么？他不是"亲征"，是亲自来"拿功"啊！所以，就算皇帝只是袖手旁观，由你打败敌人，你也得高喊"吾皇万岁万万岁！"都是皇上的天威，震慑了顽敌。

所以说，懂得胜不骄、有功不傲的人是真正懂生活、会做事的人，他们会因此而成为强者，成为前途平坦、笑到最后的人。

容人者人容，治人者人治

在狂风暴雨中，飞禽会感到哀伤忧虑惶惶不安；晴空万里的日子，草木茂盛欣欣向荣。由此可见，天地之间不可以一天没有祥和之气，而人的心中则不可以一天没有喜悦的神思。

天底下有能耐的好人本来就不多，应该想着同心协力为社会多做贡献。不能因为各自的思想方法不同，性格上的差异，甚至微不足道的小过节而互相诋毁，互相仇视，互相看不起。古人说："二虎相争，必有

一伤。"这样做下去，其实谁都不好看。抬头不见低头见，得饶人处且
饶人吧！

　　宋朝的王安石和司马光十分有缘，两人在公元 1019 年与 1021 年相
继出生，仿佛有约在先，年轻时，都曾在同一机构担任完全一样的职务。
两人互相倾慕，司马光仰慕王安石绝世的文才，王安石尊重司马光谦虚
的人品，在同僚们中间，他们俩的友谊简直成了某种典范。

　　做官好像就是与人的本性相违背，王安石和司马光的官愈做愈大，
心胸却慢慢地变得狭窄起来。相互唱和、互相赞美的两位老朋友竟反目
成仇。倒不是因为解不开的深仇大恨，人们简直不相信，他们是因为互
不相让而结怨。两位智者名人，成了两只好斗的公鸡，雄赳赳地傲视
对方。

　　有一回，洛阳国色天香的牡丹花开，包拯邀集全体僚属饮酒赏花。
席中包拯敬酒，官员们个个善饮，自然毫不推让，只有王安石和司马光
酒量极差，待酒杯举到司马光面前时，司马光眉头一皱，仰着脖子把酒
喝了，轮到王安石，王执意不喝，全场哗然，酒兴顿扫。司马光大有上
当受骗，被人小看的感觉，于是喋喋不休地骂起王安石来。一个满脑子
知识智慧的人，一旦动怒，开了骂戒，比一个泼妇更可怕。王安石以牙
还牙，祖宗八代地痛骂司马光。

　　自此两人结怨更深，王安石得了一个"拗相公"的称号，而司马光
也没给人留下好印象，他忠厚宽容的形象大打折扣，以至于苏轼都骂他，
给他取了个绰号叫"司马牛"。

　　到了晚年，王安石和司马光对他们早年的行动都有所后悔，大概
是人到老年，与世无争，心境平和，世事洞明，可以消除一切拗性与牛

脾气。

王安石曾对侄子说，以前交的许多朋友，都得罪了，其实司马光这个人是个忠厚长者。司马光也称赞王安石，夸他文章好，品德高，功劳大于过错，仿佛是又有一种约定似的，两人在同一年的五个月之内相继归天。天国是美丽的，"拗相公"和"司马牛"尽可以在那里和和气气地做朋友，吟诗唱和了，什么政治斗争、利益冲突、性格相违，已经变得毫无意义了。

朋友之间相处，需要用"和气"来化解彼此之间的矛盾。人和人都是不同的，对于性格、见解、习惯等方面的相异，要以和为重，若"疾风暴雨、迅雷闪电"会影响朋友之间的关系，甚至导致友谊破裂，反目成仇；而若和气面对彼此的不同，进而欣赏对方的优点，则对方也会对你加以赞美。这样一来，你们的"祥"和"瑞"也就更多了。

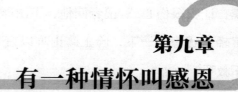

第九章
有一种情怀叫感恩

感恩是一种像施恩一样高贵的品德

古人常说："受人滴水之恩当涌泉相报。"可是现在社会上有很多人似乎并不懂得这一点，他们永远对别人深怀戒心，不敢也不肯去帮助别人，如果有人对他施以援助，他们又会觉得这是理所当然——因为对方一定另有所图。

这种狭隘自私的观念使得当今社会似乎越来越冷漠，如果有人不幸遇上了什么困难，好像就只有坐以待毙。因为人们的生活也变得愈发孤立、自私，美好的事物不能长久，所谓的幸福似乎只有在童话里才会出现。

据报载，一个年轻人不顾个人安危竭尽全力救出了六名落水者，当他精疲力尽地瘫倒在岸上时，围观的人没有一个对他伸出援手，而被救的六名落水者也没有一个上前对他说一句"谢谢"，其中一个少女披着他的外套悄悄溜走了。这个年轻人对记者说："的确很失望……我并不想让他们报答我什么，事实上我救人的时候也没想那么多，可是他们这样冷漠，让我很伤心。"记者问他，下次碰到类似的事还会不会挺身而出。年轻人犹豫了一下，脸上露出难以言喻的苦笑，叹息说："总不能见死不救吧？"

常言道："知恩不报非君子！"受人恩典而不知回报是极不道德的，但是现在却常常有人把这当成是极为自然的事。

《羊城晚报》曾报道过这样一件事：

在深圳有一位杰出的志愿者叫丛飞，多年以来，他倾其所有资助贫困学生、残疾人、孤儿等达 178 人。当丛飞得了胃癌晚期时，他连给自己治病的钱都没有，尽管如此，他还是没有后悔把自己的钱都捐助给了别人。可是，那些受过他资助的人又是如何做的呢？其中有几个人已经在深圳工作了，但是他们中竟没有一个人来探望病床上的丛飞。

读者辗转找到了其中一名受助者小雪，当记者问她是否接受过丛飞的资助时，小雪连忙说："那是他自愿的，他有他的想法，我从来没有强迫他。"记者问："那你觉得他资助你有什么想法？"小雪说："至于有什么想法，我也说不太清楚，但有一点是肯定的：任何人做事都是有所图的，有人图名，有人图利，至于他图什么，我不说你也应该能猜到。"

当记者再问她是否想过要帮助丛飞，她表示自己每月工资不过三四千元，又有弟弟妹妹在上学，所以没有能力帮丛飞。"再说，他也从来没向我提过这个要求。"而且她也不打算去看望一下丛飞，因为："我现在很忙，真的没有时间。"

报道中还提到另一名同样接受过丛飞资助的李某，他现在已成了大学老师，当他知道记者在报道丛飞时提到过自己，马上给丛飞打电话，要求他将网上涉及自己的东西全部删除。记者问他原因，他说怕学生知道了会很没面子，而且希望永远不再提起这段往事。

相信有很多人在看到这篇报道时都会心生寒意：善意的资助被当成另有所图；接受资助的事被人知道了会没面子？丛飞能图什么？图钱，钱都捐给别人了，自己连看病的钱都没有；图名，帮一两个人已足够出名，有必要长期坚持甚至借钱去帮助上百名陌生人吗？受人资助成了人生履历上的污点，被人知道会没面子？那么知恩不报就很有面子？连这种起码的道德良知都不具备的人怎么向学生传道授业解惑？

或许还有人在看这篇报道时暗暗嘲笑丛飞的傻，有什么必要去帮一些不知感恩的自私的人呢？也许还有人因此告诫自己，千万不能像丛飞那样做，帮了人反而还被当成心怀不轨。

但是这些人里又有多少在同样做着自私、没有礼貌的事呢？在公车站牌下等车的时候，常常会有问路的人，他们往往会很客气地提出问题，在得到答案之后闭紧嘴巴，有一位女士某次终于忍不住向那个问完路就掉头离开的人大声说："不用谢！"

"谢谢"这两个字就那么难以出口吗？妈妈们常会教育小孩，接受别人的帮助和给予时要道谢，可自己又有没有以身作则呢？

英国约翰逊博士说过："感恩是极有教养的产物，你不可能从一般人身上得到。"

耶稣曾在一个下午让十个瘫痪的人能起立行走，但是有几个回来感谢他呢？只有一个。如果你送给亲戚100万美元，他应该会感谢你吧？可是没有，事实上那位亲戚正在诅咒已经去世的安德鲁·卡耐基，因为卡耐基遗留了三亿多美元的慈善基金——却只给了他100万美元。

看吧，连100万美元都换不回一句感谢，我们何必奢求呢？如果偶尔得到了别人的感谢，那是惊喜，如果得不到也不用难过，潇洒一点把这件事忘记吧。

但是我们自己，必须学会感恩，学会感谢别人的帮助，同时以一颗感恩的心再去帮助别人。因为我们并不想把自己的生活弄得像他们一样自私、冷漠，如果想让自己生活得幸福快乐，就要享受付出的快乐，并记得感恩。

记住，这个世界上总有人是需要你的帮助的，而且也有人会不计回报地来帮助你。如果你能做到"行善莫念，受恩回报"，那么你也一定能忘却生活中的不如意，形成一个良性循环，以自己为中心传递一个温情的气场。

人生的第一件事：对父母感恩

有很多人或许会把别人对他的好牢记在心，并且努力报答，可是却对父母的爱无动于衷，认为是天经地义的事。也有人对别人都很宽容、理解，却偏偏对亲人严苛、冷淡。其实，每天都在对我们付出爱，并且从不索取回报的，不就是这些被我们忽略的人吗？

那晚，小丽离家出走了，身上一分钱也没带，起因就是和妈妈吵架，妈妈在恼怒中叫她再也别回去。

走了一段路子，小丽肚子饿了，她看见街边有一个卖馄饨的摊子，香气不断飘过来，她的肚子开始咕噜噜地叫。真的好想吃啊，可是，她没有钱！

不知不觉，小丽在那里呆呆地站了半天，卖馄饨的老人就问她："小姑娘，来碗馄饨吧？"

小丽忙摇摇头，红着脸说："我……我没带钱。"

老人热情地说："没关系，我请你吃。"他给小丽煮了一大碗热气腾腾的馄饨，小丽吃了几口，忍不住掉下泪来。

"小姑娘，你怎么了？"老人问她。

小丽擦擦眼泪，说："没什么，我只是很感谢您。我们又不认识，您都对我这么好，还请我吃东西，可是……我妈妈，她发脾气赶我出来，还叫我再也不要回去！您是陌生人都还对我这么好，可是我自己的妈妈却对我这么绝情！"

老人听了，和气地道："小姑娘，我只是给你煮一碗馄饨，你就这样感谢我，那你的妈妈煮了十几年的饭给你吃，你怎么不感激她呢？为什么还要和她吵架？为什么还因为她的一句气话就跑出来呢？"

小丽一下愣住了，半天才期期艾艾地说："妈妈给我做饭……那不是理所应当的事吗？这还用感谢？"

老人说："连自己的妈妈都不感谢，还能感激谁呢？别忘了，是她把你带到人世的，也是她把你抚养长大的。如果你的妈妈把这十几年为你做的饭都施舍给乞丐，你说她该赢得多少感谢？"

小丽想了很久，终于鼓起勇气回家，半路上她看到母亲正在着急地向每一个路人询问："请问你有没有见过我的女儿？她穿红色的上衣……"小丽的泪水一下夺眶而出，跑过去抱住母亲，叫道："妈妈，对不起，我错了！"

亲情是这世间最无私的情感，当我们还在母亲的子宫里时，父母的爱就已经给予我们了。亲情无时无刻不在，但却经常被我们视而不见，甚至遗忘。我们享受着父母辛勤工作换来的金钱，理所当然地接受他们无微不至的照顾，却还要因为一些小事而和他们闹别扭，对他们抱怨。人们常说："不养儿不知父母恩。"恐怕只有当我们自己也为人父母时才能理解自己的父母有多么伟大吧。

有一位企业家说："我从不和那些不孝顺父母的人打交道——连自己父母都不孝顺的人，又怎么会对别人好呢？"

现在有很多年轻人都不懂得孝敬父母，只知道索取。有位大学生为了和同学攀比，不断向远在农村的父母要钱去买奢侈品，爱子心切的父母只得借钱甚至卖血供儿子挥霍。而那位大学生在花着父母卖血得来的钱时，不仅丝毫不觉得惭愧，还埋怨父母给的钱太少。

这样的案例已经不能算是罕见了，究其原因，做父母的也要负起很大责任。他们没有教育好孩子，没有让他们养成感恩的心态，只一味地溺爱，恨不得把世上一切最美好的都给孩子。但结果只能是让孩子形成以自我为中心的思考模式，只知道索取而不懂得付出，一旦索取未果甚至会极度仇恨父母。

这些不懂得感恩的孩子，他们生活的世界只有自私这一条法规，而一个自私的人又怎么可能体会到生活的真谛呢？

为人父母者，是孩子人生的第一位老师，不过分溺爱孩子，教给他感恩与施与的重要性，随着孩子的成长，人格越来越完善，他对生活的接受度和对幸福的体验也会更高。

　　那是在洛杉矶郊县的一个早晨，戴尔正在一所旅馆大堂的餐厅里就餐，他看见有三个黑人孩子，正趴在餐桌上写着什么。当问他们在做什么时，年纪最大的孩子回答说正在写感谢信。

　　他那副理所当然的神情让戴尔十分疑惑。这三个小孩一大早起来写感谢信？戴尔愣了一阵后追问道："写给谁的？"

　　"给妈妈。"

　　戴尔更加好奇。

　　"为什么？"戴尔又问道。

　　"我们每天都写，这是我们每日必做的功课。"孩子回答道。

　　哪有每天都给妈妈写感谢信的？戴尔感到困惑不已。他凑过去看他们写的信。老大在纸上写了八九行字，妹妹写了五六行，小弟弟只写了两三行。再仔细看其中的内容，却是诸如"路边的野花开得真漂亮"、"昨天吃的比萨饼真香"、"昨天妈妈给我讲了一个很有意思的故事"之类的简单句子。

　　戴尔心头一震。原来他们写给妈妈的感谢信，是记录他们幼小心灵中感觉很幸福的一点一滴，而不是专门感谢妈妈给他们帮了多大的忙。

　　他们还不知道什么叫感恩，但知道对于每一件美好的事物都心存感激。他们感谢母亲辛勤的工作、感谢同伴热心的帮助、感谢兄弟姐妹之间的相互理解……他们对许多我们认为是理所应当的事，都自然而然怀有一颗"感恩的心"。

　　感恩不一定要感谢谁的大恩大德，但它可以是一种生活态度，一种善于发现美并欣赏的道德情操。

因为懂得对父母感恩，对身边的一草一木感恩，所以才能享受到生活的美好。

感恩之心会帮助你选择正确的那一方

有一个小男孩，他的背上有两道因手术而留下的伤疤。这两道伤疤就像是两道暗红色的裂痕，从他的肩胛骨一直延伸到腰部，上面布满了扭曲的红色肌肉。

体育课上，小孩子们高兴地脱下制服，换上运动服时，有一个小孩看见了男孩背上的伤疤，就惊叫起来："好可怕啊！"大家都围过来看，七嘴八舌地说："他背上长了两只大虫！"

"真恐怖！""怪物！""好恶心！"……

一旁的女老师很惊慌，她知道天真的小朋友们无心说出的话最伤人，她担心那个小男孩因此而自卑，可是一时之间她又想不出什么办法来帮他。出乎她意料的是，小男孩并没有哭，而是骄傲地说："你们懂什么，我妈妈说这是上帝的恩赐！"

大家都愣住了，连女老师也好奇地想听他说什么。

小男孩说："我妈妈说，每个小孩都是上帝送到人间来的天使。有的小孩变成天使时，很快就把翅膀脱掉了，有的小天使动作慢——就像我这样的，来不及脱下翅膀，结果在变成小孩的时候就会留下这两道痕迹喔。"

小朋友们都张大了嘴巴，有一个小孩说："你骗人！"

小男孩说："我没有！我妈妈是这样说的！她还说我要感谢这两道痕迹，因为是它们带我到妈妈这里来的，要不是它们，我就见不到妈妈啦！"

尽管明知小男孩背上的伤疤是因为手术而留下的，但是女老师还是被这个美丽的故事给打动了，她微笑着给小男孩作证："是的，每个小孩都是小天使变的。快看看，你们有没有人的翅膀和他一样，没有完全脱掉的？"

于是小朋友们都七手八脚地检查对方的后背，可是谁也没有这样的伤疤。他们都对那小男孩羡慕极了，还争着要摸一下他的翅膀，完全忘记了要取笑他。

女老师不禁感叹，那是一个多么睿智的母亲，用这样美好的故事维护孩子脆弱的自尊，又教给他感恩的道理。

——感谢那两道伤疤，因为是它们带小男孩见到了妈妈。

我们在红尘俗世里跌跌撞撞，心里有多少伤痕？我们可曾想过要感谢它？

只怕大多数人都对这些伤口咬牙切齿，希望它们从来没有出现过。可是，这些伤口也同样是生活的恩赐，用感恩之心去看待它们，那么所遭受的挫折都是前进的动力，所有的痛苦都是成全，所有的不公都是际遇。只要你愿意，这些伤口都是让你飞翔的天使的翅膀。

反之，如果你任由伤口在心中横亘、溃烂，那就是选择了下坠——这不是生活的错，而是因为堕落远比飞翔更容易，是你自己让负面的力量成为自己的羁绊。

1921 年，路易斯·劳斯出任某监狱的监狱长，那是当时最难管理的监狱。可是 20 年后劳斯退休时，该监狱却成为一所提倡人道主义的机构。

当劳斯被问及该监狱改观的原因时，他说："这都归功于我已去世的妻子凯瑟琳，她就埋葬在监狱外面。"

凯瑟琳是三个孩子的母亲。当劳斯成为监狱长时，每个人都警告她千万不可踏进监狱，但这些话拦不住凯瑟琳！第一次举办监狱篮球赛时，她带着三个可爱的孩子走进体育馆，与服刑人员坐在一起。

她说："我要与丈夫一道关照这些人，我相信他们也会关照我，我不必担心什么！"

一名被定有谋杀罪的犯人瞎了双眼，凯瑟琳知道后便前去看望。

她握住他的手问："你学过点字阅读法吗？"

"什么是点字阅读法？"他问。

于是她教他阅读。多年以后，这人每逢想起她的爱心还会流泪。

凯瑟琳在狱中遇到一个聋哑人，结果她为了与他交流自己到学校去学习手语。

许多犯人说她是圣母玛利亚的化身。在 1921 ～ 1937 年之间，她经常造访，并且帮助那些服刑的监狱犯人。

后来，她在一起交通意外事故中逝世。第二天，消息立刻传遍了监狱，大家都知道出事了。

接下来的一天，她的遗体被放在棺里运回家，她家距离监狱三四里路。当监狱长早晨散步时惊愕地发现，一大群最凶悍、看来最冷酷的囚犯，竟齐集在监狱大门口。

他走近去看，他们的脸上竟带着悲哀和难过的眼泪。他知道这些人敬爱凯瑟琳，于是转身对他们说："好了，各位，你们可以去，只要今晚记得回来报到！"然后他打开监狱大门，让一大队囚犯走出去，在没有守卫的情形之下，走三四里去看凯瑟琳最后一面。

结果，当晚每一位囚犯都回来报到。无一例外！

凯瑟琳给予犯人们尊重，她的善行温暖了他们冰冷的心，拂去了他们心灵上的蒙尘，而他们回报给凯瑟琳的是一颗感恩的心。

每个人都有一颗钻石，只不过有的被欲望、烦恼、贪婪、仇恨、自私等蒙蔽了，而感恩无疑可以擦去这些浮尘，还给生活一个最真挚的灵魂。

无论生活给我们的是荆棘还是伤痕，我们都应怀以感恩之心，只有如此，荆棘才会变成玫瑰，伤疤才会变成翅膀。

感恩可以停止无益的忧虑

一个忧心忡忡的人，看到鲜花时先会想到它枝干上的荆刺，看到明月时便会担忧乌云会遮挡住月光，看到活泼可爱的孩子时又会忧虑他长大了变成罪犯。结果，他错过花朵盛开时的美丽，错过欣赏月光下的朦胧美景，错过享受孩子最无邪的那段时光。

忧虑，让生活匆促而过，却什么美好都未曾体验。

居住在弗尼亚州的斯科特说：

"有一段时间我快要崩溃了。我担心每一件事，我担心自己太瘦，担心自己掉头发，担心永远没钱成家，我怕失去我想娶的女友，我担心过得不够好，我担心别人对我的印象。我忧虑，因为怕自己得了胃溃疡不能再工作，不得不辞职。我在自己内心不断施加压力，像个没有安全阀的压力锅。压力大到无法承受时，只有爆发了，如果你精神崩溃过……希望你永远没有过，没有任何生理上的病痛可以与心理痛苦相提并论。"

"我的情况极为严重，甚至没办法与家人沟通。我无法控制自己的思绪。我内心充满恐惧和忧虑，一点点小声音都能令我惊跳起来。我逃避所有的人。无缘无故的，我就会号啕痛哭一场。"

"每一天对我来说都是煎熬，我觉得所有的人都遗弃了我——甚至包括上帝。我甚至想投河了此余生。"

"后来我决定到佛罗里达州去，希望换个环境会有所帮助。当我上火车之前，我父亲交给我一封信，告诉我到了那里才能打开来看。我到迈阿密去找工作，不过没找到。于是我就成天在海滩消磨时间，这下有更多的时间去忧虑了，我实在比在家里的时候还惨。我打开信封看看爸爸说些什么。信上写着：'孩子，你已离家2400千米，不过并没有什么改变，对吗？我知道，因为你把你的烦恼带去了，那烦恼就是你自己。你的身心都健全，打败你的不是你所遭遇的各种状况，而是你对这些状况的想法。一个人的想法决定他是个什么样的人，当你想通了这一点，孩子，就回家来吧！因为你必已痊愈。'"

"爸爸这封信把我搞火了，我希望得到的是同情，不是任何指示。我气得当下就决定绝不再回家。当晚我在迈阿密街头晃荡时，经过一座教堂，里面正在做弥撒。反正无处可去，我就进去了，正听到有人念道：'战胜自己的心灵比攻占一个城市还要伟大。'我坐在天主的圣殿里，听着跟我父亲信上所写的同样的道理——这些力量终于扫除了我心中的一些困扰。这一生我第一次神清气明，我发现自己愚不可及。我开始郑重地反思自己，那让我精神崩溃的事真的值得忧虑吗？为了这些微不足道的事，我错过了生命里多少幸福啊？"

"我有多久没有感谢别人对我的关心和帮助了？我实在是太愚蠢了！"

"认清自己，使我吃了一惊，原来我一直想改变整个世界及其中的每一个人——其实唯一需要改变的只是我的想法罢了。我只是需要去感恩就可以解决我的苦恼。"

"第二天一早，我就收拾行李打道回府了。一周后，我找到了工作，四个月后，我娶了那位我一直害怕失去的女友。现在我们是有三个孩子的快乐家庭，在物质与精神双方面，我都受到眷顾。"

"精神状态不佳的那段时间，我担任晚班工头，带领只有十几个人的小部门。现在，我在卡通公司任职主管，辖下有500多位员工。人生越来越富足，我知道自己更能掌握人生的真谛。即使有时会有一些不安的情绪（像每个人一样），我会告诉自己要向生活感恩，要感谢它赐予我的幸福和苦难，于是又能平安无事。"

"我很庆幸有过崩溃的经验，因为那次的痛苦使我发现感恩的力量比身或心的力量都巨大很多。"

"我现在知道我父亲是正确的，因为他说过使我受苦的并非情况本身，而是我对情况的想法。而感恩可以改变我习惯性的忧虑，一旦我向生活表示感激时，就没有精力再为琐事而忧虑了。一旦我真正体会到这一点，我就治愈了，而且永不再犯。"

感恩如同辐射，是暗室里烛光的那一点源头，将光明从此扩散，引发人们自身的能量，驱走忧虑的黑暗。

美国飞行家雷肯贝克曾在太平洋漂流了 21 天，有人问他从那次经验中得到的最大教训是什么。他回答："那次经验给我的最大教训是，只要有足够的饮水与食物，你就不该再有任何抱怨。"

我们应该把"感恩"这两个字深深镌刻在心里——想想所有我们应该感谢的事，并真正感谢。

著有《我要看》一书的作者达尔，是一位失明了近 50 年的妇人，她写道："我仅存的一只眼上布满了斑点，所有的视力只靠左侧一点点小孔。我看书时，必须把书举到脸面前，并尽可能靠近我左眼左侧的仅存视力区域。"

但是达尔并没有因此让自己陷入忧虑之中，她并不打算接受怜悯，也不想享受特别的待遇。小时候，她想和小朋友一起玩游戏，可是看不到任何记号，等到其他小朋友都回家了，她才趴在地上辨识那些记号。她把地上划的线完全熟记后，成了玩儿这个游戏的佼佼者。她在家自修，拿着放大字体的书，靠近脸，近得睫毛都刷得到书页。达尔没有因为视力差而放弃学习，她修了两个学位：明尼苏达大学的学士及哥伦比亚大学的硕士。

她开始的时候在明尼苏达州一个小村庄上教书，到后来却成为南达科他州一个学院的新闻文学教授。她在当地任教 13 年，并常在妇女俱乐部演讲，上电台节目谈书籍与作者。她在书中说："在我内心深处，始终不能祛除完全失明的恐惧。为了克服这一点，我只有对人生采取感恩的态度，让自己学会每天都开心地生活。"

1943 年，她已经 52 岁，却发生了一个奇迹：极负盛名的梅育医院的一项手术，使她恢复了比以前好 40 倍的视力。

一个全新的令人振奋的世界展现在达尔的眼前，即使在水槽边洗碗对她来说也是一件令人兴奋的事。她写道："我开始玩弄碟子上的泡沫，我用手指搅起一个肥皂泡泡，对着光看，我看到了缩小的彩虹般的色彩幻影。"

从水槽上方厨房的窗口望出去，她看到的是："振动着灰黑色的翅膀飞过积雪的一只麻雀。"

能有幸亲眼见到肥皂泡与麻雀，促使她以下面一句话作为这本书的结束："亲爱的上帝，我不禁低语，我们的上帝，我感谢你，我感谢你。"

想想看！达尔为了能在洗碗时看到泡沫的色彩，看到飞越雪地的麻雀，衷心地感谢上帝！

我们一直生活在美妙的世界中，却瞎得什么都看不见，什么都不知珍惜享受，更不知道要感谢这一切。

想要拥有一个崭新的人生，我们就应该学会感谢我们所拥有的一切，而不是盘算自己的烦恼。

忧虑不能解决问题，却会让我们错过生活的美好。事实上，我们身边发生的事情只有 10% 是有问题的，另外 90% 都很顺利。如果想生活得快乐，只要把注意力集中在那 90% 的好事上，不去关注那 10% 就行了。

如果我们想要烦恼，没有希望，那只要忽略那 90%，全神贯注去注意那 10% 就行了。

感恩可以让你的注意力从那 10% 转移到另外的 90% 上，从而保持平静、愉快的心情，能有余暇去体验生活，让自己生活得更有质量。

善行可以让你生活得更有层次

富兰克林说："你对别人好的时候，也就是对自己最好的时候。"

就像水满了要溢出来，当我们满怀感激的时候便也忍不住要把这份快乐分享给别人。当我们想为别人服务的时候，不仅没有时间再去想自己的烦恼，而且还会因为帮助别人而获得高层次的享受。

吕普博士瘫痪在床已经 20 多年了，但是他生活得既充实又快乐，他遵循威尔士王子的誓言："我服务大众。"他收集了许多瘫痪病人的地址，然后给他们写鼓励的信，帮助他们从痛苦中走出来，感谢自己所拥有的。后来，他觉得自己一个人的力量是有限的，于是组织了一个瘫痪者写信俱乐部，让大家写信给其他患者。那些人发现，当自己在鼓励别人从病痛的折磨中恢复生活的勇气时，自己也同样获得了力量。现在，这个组织已经成了全国性的。

吕普博士平均一年要写 1400 封信，给千万同病相怜的人带来欢乐。

为什么一个瘫痪多年的人还能这样善用人生？因为吕普博士懂得感

恩，他因此获得了强大的精神力量，他深切体会到为别人服务可以为自己带来真正的欢乐。而他也正是用这个办法帮助那些瘫痪病人重新找到生活的价值与幸福。

有人抱怨社会的冷漠，但是社会不正是由我们每一个人组成的吗？虽然不能期望每个人都心存感激乐于助人，但是我们可以让自己成为这样的人。根据"蝴蝶效应"的理论，一只蝴蝶在纽约扇动一下翅膀都会引发太平洋上的飓风，那我们的善行又会带来多少快乐啊！

纽约的蒙思太太说在五年前的 12 月里，她陷入自怜与悲伤的低潮，过了几年快乐的婚姻生活后，她失去了她的先生。她和丈夫是如此恩爱，丈夫不幸去世的事对她而言如同世界末日。越接近圣诞节，她越恐惧它的来临。朋友们都来邀她去他们家，可是她不想，她知道她在任何一家都会触景生情的，于是蒙思太太婉拒了他们的好意。圣诞夜那天，蒙思太太下午 3 点离开办公室，在第五大道漫无目的地闲逛，希望能赶走自怜与忧郁的情绪。街上满是欢乐的人们——令人不得不忆起逝去的快乐年华。她不敢想象自己得回到孤独空洞的公寓。她一片茫然，实在不知道该做什么，忍不住的眼泪夺眶而出。在伤感之中，蒙思太太随便坐上一辆公车，到了终点站。那是个连地名也不知道的安静和平的小地方。在等车回去的时候，她随便逛了逛住宅区的街道。她经过一座教堂，里面传出优美的"平安夜"的乐声，蒙思太太走进去，里面没有别人，只有一位风琴手。她静静地坐在教友席上，圣诞树的装饰灯美极了。美妙的音乐——加上她一天都没吃东西——慢慢地她睡着了。

醒来时，她看到前面有两个小孩，显然是进来看树的。其中一个小女孩指着她说："她会不会是圣诞老人带来的？"他们穿得很破，蒙思太太问他们父母在哪？他们说他们没有父母。这两位小孤儿的情况比她还糟多了，蒙思太太觉得自己很惭愧。她带他们看圣诞树，又带他们去小店买了点儿零食、糖果及小礼物。她的孤独感奇迹似的消失了。这两位孤儿让蒙思太太几个月以来第一次感到真正的关心与忘我。她跟他们聊天，发现自己是何等幸运。她感谢上天，自己儿时的圣诞过得多么开心，充满双亲的爱与关照。这两个小孩带给她的经验告诉自己，要使自己开心，只有先使别人开心。

快乐是具有传染力的，通过施与，才能获得。因为帮助别人、爱别人，蒙思太太克服了忧虑、悲伤与自怜，而有重生的感觉。

叶慈太太也同样因为帮助别人而重新找到了生活的意义。叶慈太太是一位小说家，故事发生在日本偷袭珍珠港的那天早晨。叶慈太太由于心脏不好，一年多来都躺在床上不能动，一天得在床上度过 22 个小时，最长的旅程是由房间走到花园去做日光浴。即使那样，也还得依靠女佣的扶持才能走动。当年她以为自己的后半辈子都得卧床度过了。她说：

"如果不是日军来轰炸珍珠港，我永远都不能再真正生活。"

"发生轰炸时，一切都陷入混乱。一颗炸弹落在我家附近，震得我跌下了床。陆军派出卡车去接海、陆军的家人到学校去避难。"

"红十字会的人知道我床旁有个电话，问我是否愿意帮忙做联络中心。于是我记录那些海军、陆军的妻小现在住在哪里，红十字会的人会叫那些先生们打电话来我这里找他们的眷属。"

"很快，我发现我先生是安全的。于是，我努力为那些不知先生生死的太太们打气，也安慰那些寡妇们——好多太太都在这场轰炸中失去了丈夫。这一次阵亡的官兵共计 2117 位，另有 960 位失踪。"

"开始的时候，我还躺在床上接听电话，后来，我坐在床上。最后，我越来越忙，忘了自己的毛病，我开始下床坐到桌边。"

"因为帮助那些比我情况还惨的人，使我完全忘了自己，我再也不用躺在床上了，除了每晚睡觉的八个小时。我发现如果不是日本空袭珍珠港，我可能下半辈子都是个废人。我躺在床上很舒服，我总是在消极地等待，现在我才知道当时潜意识里我已失去了复原的意志。"

"空袭珍珠港是美国历史上的一大惨剧，但对我个人而言，却是最重要的一件好事。这个危机让我找到我从来不知道自己拥有的力量，它迫使我把注意力从自己身上转移到别人身上。它也给了我一个活下去的重要理由，我再也没有时间去想自己或照顾自己。我能做的就是感谢上帝让我还活着，然后尽力去帮助那些需要帮助的人。"

有那么多人以为自己是世界的中心，如果生活有些不如意，他们就埋怨所有的人，包括他们自己。有人会说："我又没碰见孤儿，又没遇上空袭，我的生活无比乏味，什么特别的事都没发生过，这让我怎么去帮助别人？我有什么理由去帮助他们？怎么就没人来帮帮我呢？"

可是，除非你离群索居，否则你每天总不免要和别人接触，且不说那些陌生人吧，就是你的家人和同事，你有没有想过去感谢并帮助他们吗？你有没有感谢母亲为你洗衣做饭，并心甘情愿地为她揉一揉僵硬的肩膀？你有没有感谢同事帮你倒了杯水，而主动去关心一下他的胃病是否痊愈？

注意，这些事你或许都做了，可是做的时候是以感恩之心去做的吗？是毫不勉强去做的吗？如果不是，那你又怎么能从中获得快乐和满足呢？

　　波斯宗教家左罗亚斯托说："对别人好不是一种责任，它是一种享受，因为它能增进你的健康与快乐。"

　　很多年以前，有两个贫穷的大学生，为了赚取生活费与学费，他们想到一个赚钱的方法：找一位著名的钢琴家，提出代办个人音乐会的企划。

　　他们找到的这位钢琴大师是伊格纳·帕德鲁斯基。帕德鲁斯基的经纪人便与两位年轻人洽谈，并提出大师的表演酬劳是2000美元。

　　虽然这笔钱对这位钢琴大师来说，是一个相当合理的演出价码，但是，对这两个年轻人来说却无疑是个大数目，如果他们收入不到2000美元，肯定是要亏本的。

　　但是，两个满怀信心的年轻人答应了，立刻开始拼命工作，直到音乐会圆满结束。但整理账目之后，他们发现只赚了1600美元。

　　第二天，两个人怀着忐忑不安的心情，来到钢琴大师的家。他们把1600美元全部给了帕德鲁斯基，还附了一张400美元的欠条承诺很快便会把400美元还清。

　　帕德鲁斯基说："不必了，孩子们。"

　　他把400美元的欠条撕碎，接着把1600美元递给他们，笑着说：

　　"从这笔钱里扣除你们的生活费和学费吧！再从剩下的钱里拿出10%作为你们的酬劳，其余的才归我。"

　　两个年轻人感动极了。

　　多年之后，第一次世界大战结束，帕德鲁斯基回到波兰，并当上了波兰的总理，经过战争冲击，国内成千上万的饥民在生死线上挣扎。

　　身为总理的帕德鲁斯基，为了解决基本民生，四处奔波。后来，帕德鲁斯基找上美国食品与救济署的署长赫伯特·胡佛，恳请他伸出援手。

赫伯特·胡佛接到消息后，毫不犹豫地答应了。不久，上万吨食品运送到波兰，让波兰饥民度过了这场劫难。于是，帕德鲁斯基总理为了感谢赫伯特·胡佛，与他相约在巴黎见面，以亲自表达谢意。

见面时，赫伯特·胡佛说："不用谢我，因为我还要谢谢您呢，帕德鲁斯基总理，有件事您也许早就忘了，不过我却忘不了啊！还记得有一年你帮助过两位穷大学生吗？其中一个受惠者就是我。"

有道德的人在接受别人的帮助之后，总会心存感激，并寻找机会报答。这样的人因为懂得感恩，并能以实际行动回报，生活的层次自然要高于那些只顾自己的人，因为首先他们的精神就已获得了满足。

当你的心灵充实而丰盈的时候，生活的幸福还会离你远吗？

惊喜和感激就在生活的另一个角度

这个世界存在各种不同的标准，如果你只从自己的角度去衡量生活，那么生活可能不如你意。可是你换一个角度，去找寻生活中令你惊喜的小细节，你会真正对这个世界感恩。

据说，有一个富翁，为了教自己那个每天精神不振的孩子知福惜福，就送他到当地最贫穷的村落住了一个月。一个月后，孩子精神饱满地回家了，脸上并没有带着被"下放"的不悦，让富翁感到不可思议。他想要知道孩子有何领悟，问儿子："怎样？现在你知道，不是每个人都能像我们过得这么好吧？"

儿子说："不，他们过的日子比我们还好。因为我们晚上只有电灯，而他们有满天星星。"

"我们必须花钱才买得到食物，而他们吃的是自己土地上栽种的免费粮食。"

"我们只有一个小花园，可是对他们来说山间到处都是花园。"

"我们听到的都是城市里的噪声，他们听到的却是演奏的美妙的自然音乐。"

"我们工作时精神紧绷，他们一边工作一边大声唱歌。"

"我们要管理佣人、管理员工，有操不完的心，他们只要管好自己。"

"我们要关在房子里吹冷气，他们却能在树下乘凉。"

"我们担心有人来偷钱，他们没什么好担心。"

"我们老是嫌饭菜口味不好，他们有东西吃就很开心。"

"我们常常无缘无故失眠，他们每夜都睡得好安稳……"

"所以，谢谢你，爸爸，你让我知道，我们其实也可以过得那么好。"

富翁本以为让儿子"吃苦"就会让他懂得惜福，却没想到儿子学会的远远超过他所能想到的。孩子用与富翁不同的角度去想问题，看到的是一个崭新的世界，在惊喜中情不自禁地感谢生活可以如此美好。他领悟的是云淡风轻方是生活的真滋味。

关于感恩节，还有一个有趣的小故事：故事发生在一所小学里，一天老师决定在课堂上随便问几个问题，训练一下孩子的语言表达能力。

"感恩节快到了，孩子们，你们可不可以告诉我，你们将要感谢什么呢？"老师让孩子们思考了一会儿，然后开始点名。

"琳达，你要感谢什么？"

"我的妈妈每天很早起来给我做早饭，还给我买漂亮的裙子，我想，我在感恩节那天一定要感谢她。"

"嗯，不错。彼得，你呢？"

"我的爸爸今年教会了我游泳，所以我特别想感谢他。"

"嗯，会游泳了，很好！杰克，轮到你了。"

"我们每年感恩节都要吃火鸡，大大的火鸡，肥肥的火鸡，大家都非常爱吃。他们只是大口大口地吃火鸡，却从不想一想火鸡是多么可怜。感恩节那天，会有多少只火鸡被杀掉呀……"

"能不能简短一些？你到底想说什么呢，杰克？"

杰克向四周望了一眼，然后，胸有成竹地说："我要感谢上帝，感谢他没有让我变成一只火鸡。"

孩子看待问题的角度总是与成年人不同，他们或许并不明白感恩的真正含义，但这并不妨碍他们体悟到那份喜悦。甚至连他们要感恩的事情都是这样让人意想不到，妙趣横生。

感谢生活给你的苦难

我们或许可以衷心地感谢别人对我们的帮助，却很难同样感激别人对我们的伤害。我们感谢生活给予我们丰富的果实，却不能感谢它给予我们的苦难。

但是这样的感恩是不完整的，它固然会令你的精神得到向上的力量，但还不能让你的灵魂达到自由的飞跃。

南非总统曼德拉博夫因为领导反对白人种族隔离政策，被白人统治者关在荒凉的大西洋罗本岛上达几十年之久。可就在他 1991 年出狱当选总统后的就职典礼上，他却邀请了三名罗本岛的看守，并且站起身恭敬地向这三名曾关押过他的看守致敬。这个举动震惊了整个世界，在场的所有来宾肃然起敬。

后来，曼德拉向朋友们解释说，自己年轻时性子很急，脾气暴躁，正是在狱中学会了控制情绪才活了下来。他的牢狱岁月给他时间与激励，使他学会了如何处理自己遭遇苦难的痛苦。他说，感恩与宽容经常是源自痛苦与磨难的，必须以极大的毅力来训练。

我们之所以总是被烦恼包围，总是充满痛苦，总是怨天尤人，总是有那么多的不满和不如意，是不是因为我们缺少曼德拉的宽容和感恩呢？当我们的思绪身陷囹圄的时候，应该想想曼德拉获释出狱当天的心情："当我走出囚室、迈过通往自由的监狱大门时，我已经清楚，自己若不能把悲痛与怨恨留在身后，那么我其实仍在狱中"。

你是否把自己的心灵囚禁在了牢狱里，选择了怨恨，却放弃了让自己生活得更好的可能？得失之间，务必慎重啊。

我们不是圣人，可能无法做到去爱那些伤害、侮辱过我们的人，可是为了我们自己生活得健康和快乐，选择原谅和遗忘才是明智之举。把怨恨从心里驱走，才有更大的空间来盛载爱和感谢。

　　二战期间，一支部队在森林中与敌军相遇，激战后有两名战士与部队失去了联系。这两名战士来自同一个小镇。

　　两人在森林中艰难跋涉，他们互相鼓励、互相安慰。十多天过去了，仍未与部队联系上，而食物是越来越少了。这一天，他们打死了一只鹿，依靠鹿肉又艰难度过了几天。也许是战争使动物四散奔逃或被杀光，这以后他们再也没看到过任何动物。他们仅剩下的一点鹿肉，背在那个年轻战士的身上，这是他们最后的依赖了。这一天，他们在森林中又一次与敌人相遇，经过再一次激战，他们巧妙地避开了敌人。就在自以为已经安全时，只听一声枪响，走在前面的年轻战士中了一枪——幸亏伤在肩膀上！后面的士兵惶恐地跑了过来，他害怕得语无伦次，抱着战友的身体泪流不止，并赶快把自己的衬衣撕下包扎战友的伤口。

　　晚上，未受伤的士兵守护着受伤的战友，他一直念叨着母亲的名字，两眼直勾勾的。他们都以为他们熬不过这一关。

　　尽管饥饿难忍，可他们谁也没动身边的鹿肉。天知道他们是怎么过的那一夜。第二天，部队救出了他们。

　　事隔30年，那位受伤的战士说："我知道谁开的那一枪，他就是我的战友。当时在他抱住我时，我碰到他发热的枪管。我怎么也不明白，他为什么对我开枪？但当晚我就原谅了他。我知道他想独吞我身上的鹿肉，我也知道他想为了他的母亲而活下来。此后30年，我假装根本不知道此事，也从不提及。战争太残酷了，他母亲还是没有等到他回来。退伍后，我和他一起祭奠了老人家，那一天，他跪下来，请求我原谅他，我没让他说下去。我们又做了几十年的朋友。"

　　可以试想一下，受伤的战士如果始终记恨他的战友——这是完全可能的，他差一点就送了命——那他能干什么？报复？仇恨？这些对他的生活全无益处，反而会使他失去一个朋友和心灵的平静。

每个人都会犯错，也都可能会伤害到别人。别说是生死大事，就算是谁踩了谁一脚、谁说了几句不中听的话，可能都会有人记恨一辈子。怨恨就像毒蛇，可是它咬噬的不是你的仇敌，而是你自己。

民国初年，军阀割据时代，一位高僧受某军阀邀请赴素宴。席间，发现在满桌精致的素肴中，有一盘菜里竟然有一块猪肉。高僧的徒弟故意用筷子把肉翻出来，高僧却立刻用菜把肉掩盖起来。一会儿，徒弟又把猪肉翻出来，想让军阀看到，高僧再度把肉遮盖起来，在徒弟的耳边说："如果你再把肉翻出来，我就把它吃掉！"徒弟听到后，就再也不敢把肉翻出来了。

宴散后，高僧辞别了军阀。归寺途中，徒弟不解地问："师傅，那厨子明明知道我们不吃荤的，为什么把猪肉放在素菜中？这不是有心坏我们的修行吗？我只是想让大帅知道，处罚他一下。"

高僧说："每个人都会犯错，无论是'有心'或'无心'。如果刚才大帅看见了猪肉，盛怒之下严惩厨师，这不是我所愿见的，要知道，因这一块肉，厨师可能会搭上一条命啊。所以我宁愿把肉吃下去。"

徒弟点着头，深深体悟着这个道理。

我们所收获的，就是我们所栽种的。

种下仇恨，收获的就是灾难、痛苦；种下宽容，收获的则是感激、快乐。与其憎恨敌人，不如原谅他们，并感谢上天没有让我们跟他们经历一样的人生吧。面对生活给予我们的苦难，不如选择坦然以对，并感谢上天没有给我们更糟糕的生活吧。

不要把时间浪费在愤怒、仇恨、责难、攻击和埋怨中，把时间用在更好地生活上吧。以感恩之心对待一切，苦难也就变得无足轻重了。

有一个没有双手的女孩儿，以自己的顽强考入了大学，当别人问起她的求学经历的时候，她眼含泪水说："我永远都感激我的小学老师，是他为我打开了知识的大门。"

那是一个冬天，非常冷，女孩子因为自己的残疾不能进入学校读书，可是她是那么渴望上学，于是就顶着寒风趴在教室外的墙上听老师讲课。教师提了一个问题，班里的学生都答不上来。已经听得入迷的女孩子忘了自己是在"偷听"，就把答案喊了出来。

老师听到教室外传来的声音，感到很惊讶，就推开门出来看。女孩子吓坏了，她以为这下子一定会被老师批评了。没想到，老师把她领进了教室，并对学生们说："以后让她和你们一块儿上课吧，大家不要告诉学校。"就这样，她上完了小学，并且取得了全县第一的考试成绩。

可是，没有一个中学肯录取她，因为她没有双手。辍学在家的女孩除了做些简单的家务，还自学了中学的课程。她会用脚切土豆丝、蒸包子、包饺子，还会用脚画画、写毛笔字。她的字端正大方，根本看不出来是用脚写的。

后来，女孩子被一所大学破格录取。军训时她叠被子的情景让领导惊讶，那是最标准的"豆腐块儿"，领导说要把她叠的被子的录像放给那些入伍的新兵看，让他们瞧瞧有人用脚比他们用手做得更好。

女孩子的双手是因为母亲离家出走而失去的，有人问她恨不恨那个不负责任的母亲。女孩子说："不，我从来都不恨她。我爱她，我总是觉得对不起她，她是因为精神有问题才会经常离家出走的。"一次，她的母亲又一次出走，再也没有回来。后来，在河里找到了母亲的尸体。一想起来，女孩子就泪流满面，说："是我没有照顾好母亲。"

没有双手，没有母亲，没有一个富裕的生活环境，可是女孩子从不怨恨，她曾写过一篇作文，题目是《我最幸福》。这篇作文里没有一句抱怨，有的全是对生活的感激，在全县的一次征文中得了一等奖。

她的经历如此坎坷，承受了太多的苦难。可是她却感觉自己"最幸福"，把苦难全部接受，并当做是一种施与，以感恩之心面对苦难。她的生活也因此不曾被苦难束缚，而是不断向她展现美好，让她越走越开阔。

感谢生活赐予的苦难，因为这是难得的人生经验，有了盐的对比，糖才更加甜；有了痛苦和磨难，生活的美好才愈发让人珍惜。